Fabian Wohlfahrt

Kraftgesteuerte Messzelle für Dilatometeranwendungen

Berichte aus dem
INSTITUT FÜR MASCHINEN- UND GERÄTEKONSTRUKTION (IMGK)

Herausgegeben von
Univ.-Prof. Dr.-Ing. Ulf Kletzin (Maschinenelemente),
Univ.-Prof. Dr.-Ing. René Theska (Feinwerktechnik) und
Univ.-Prof. Dr.-Ing. Christian Weber (Konstruktionstechnik)
aus dem Institut für Maschinen- und Gerätekonstruktion (IMGK)
an der TU Ilmenau.

Band 32

Diese Reihe setzt die „Berichte aus dem Institut für Maschinenelemente und Konstruktion“ fort.

Kraftgesteuerte Messzelle für Dilatometeranwendungen

Fabian Wohlfahrt

Universitätsverlag Ilmenau
2019

Impressum

Bibliografische Information der Deutschen Nationalbibliothek
Die Deutsche Nationalbibliothek verzeichnet diese Publikation in der Deutschen Nationalbibliografie; detaillierte bibliografische Angaben sind im Internet über http://dnb.d-nb.de abrufbar.

Diese Arbeit hat der Fakultät für Maschinenbau der Technischen Universität Ilmenau als Dissertation vorgelegen.

Tag der Einreichung:	20. Februar 2018
1. Gutachter:	Univ.-Prof. Dr.-Ing. René Theska (Technische Universität Ilmenau)
2. Gutachter:	Univ.-Prof. Dr.-Ing. habil. Sophie Gröger (Technische Universität Chemnitz)
3. Gutachter:	Dr. rer. Nat. Thomas Denner (NETZSCH-Gerätebau GmbH)
Tag der Verteidigung:	22. Oktober 2018

Technische Universität Ilmenau/Universitätsbibliothek
Universitätsverlag Ilmenau
Postfach 10 05 65
98684 Ilmenau
http://www.tu-ilmenau.de/universitaetsverlag

ISSN 2191-8082
ISBN 978-3-86360-193-5 (Druckausgabe)
URN urn:nbn:de:gbv:ilm1-2018000443

Geleitwort der Herausgeber

Die Konstruktion von Maschinen und Geräten sowie die zugehörigen Methoden und Werkzeuge sind seit den frühen 1950er Jahren ein profilbildender Schwerpunkt an der Technischen Universität Ilmenau und ihren Vorgängerinstitutionen. Es war daher ein nahe liegender Schritt, dass die drei konstruktiv orientierten Fachgebiete der Fakultät für Maschinenbau – Maschinenelemente, Feinwerktechnik/Precision Engineering, Konstruktionstechnik – im Mai 2008 das Institut für Maschinen- und Gerätekonstruktion (IMGK) neu gegründet haben. Das IMGK steht in der Tradition einer Kette ähnlicher Vorgängerinstitute, deren wechselnde Zusammensetzung hauptsächlich durch sich über der Zeit ändernde Universitätsstrukturen bedingt war.

Zweck des Institutes ist es, die Kompetenzen und Ressourcen der beteiligten Fachgebiete zu bündeln, um Forschung und Lehre zu verbessern und erzielte wissenschaftliche Ergebnisse gemeinsam in die Fachöffentlichkeit zu tragen.

Ein wesentliches Instrument hierzu ist die Schriftenreihe des Instituts für Maschinen- und Gerätekonstruktion. Sie führt eine erfolgreiche Schriftenreihe des im Jahr 1991 gegründeten unmittelbaren Vorgängerinstitutes IMK (Institut für Maschinenelemente und Konstruktion) fort.

In der Schriftenreihe erscheinen in erster Linie die am Institut entstandenen Dissertationen, daneben werden aber auch andere Forschungsberichte, die in den thematischen Rahmen passen und von allgemeinem Interesse sind, in die Schriftenreihe aufgenommen.

Der vorliegende Band 32 ist als Dissertation am Fachgebiet für Feinwerktechnik/ Precision Engineering unter der wissenschaftlichen Betreuung von Univ.-Prof. Dr.-Ing. René Theska entstanden.

Die Herausgeber wünschen sich reges Interesse an der Schriftenreihe und würden sich freuen, wenn sie zum fruchtbaren Dialog in Wissenschaft und Praxis beitragen würde.

Ilmenau, im Dezember 2018

Univ.-Prof. Dr.-Ing. Ulf Kletzin (Maschinenelemente)
Univ.-Prof. Dr.-Ing. René Theska (Feinwerktechnik)
Univ.-Prof. Dr.-Ing. Christian Weber (Konstruktionstechnik)

Vorwort des Verfassers

Die vorliegende Dissertation entstand während meiner Tätigkeit als Mitarbeiter und Projektleiter bei der Firma Netzsch Gerätebau GmbH im Bereich der Grundlagenentwicklung.

Der erfolgreiche Abschluss meiner Arbeit war nur unter der Mitwirkung verschiedener Fach- und Führungskräfte möglich. Hervorheben möchte ich an dieser Stelle Herrn Prof. Dr.-Ing. René Theska. Während meines Promotionsvorhabens stand er mir stets für regelmäßige fachliche Diskussionen zur Verfügung und lieferte zahlreiche Anregungen für Detaillösungen.
Weiterhin möchte ich Herrn Dr. Georg Storch und Frau Doreen Rapp danken, die mich während der Entwicklung unterstützt und durch ihren reichen Erfahrungsschatz mit Hintergrundwissen zur Dilatometrie versorgt haben. Herrn Martin Hager danke ich für die vertrauensvolle Zusammenarbeit, zahlreichen Diskussionen sowie Bereitstellung der nötigen Elektronik.
Mein herzlicher Dank gilt auch denen, die den Rahmen für diese Entwicklung absteckten. Insbesondere danke ich diesbezüglich meinem Bereichsleiter und Geschäftsführer Herrn Dr. Thomas Denner, der sich stets für die Durchführung der Promotion einsetzte und mir mit seinem fachlichen Rat zur Seite stand.

Mein besonderer Dank gilt meiner Frau Corinna und meiner Familie, die mich während der Entstehung der Dissertation unterstützten und mir stets Rückhalt gaben. Speziell meiner Frau danke ich für ihre aufmunternden Worte und ihr Verständnis für die Anfertigung dieser Arbeit.

Rehau, Februar 2018
Fabian Wohlfahrt

Inhaltsverzeichnis

Inhaltsverzeichnis IX
Abkürzungsverzeichnis XII
Verzeichnis verwendeter Formelzeichen und Symbole XIII
Kurzfassung XV
Abstract XVI
1 Einleitung 1
2 Zielstellung der Arbeit 3
3 Abgrenzung des Arbeitsfeldes 5
3.1 Definitionen und Begriffe 5
3.2 Klassifizierung 9
3.2.1 Klassifizierung der thermischen Messmethoden 9
3.2.2 Klassifizierung der Messgrößen 11
3.2.3 Klassifizierung der Dilatometrie 13
3.2.4 Klassifizierung der Messmethode 15
4 Grundlagen der Dilatometrie 17
4.1 Aufbau eines Dilatometers 17
4.2 Normen 23
4.3 Ablauf der Messung 23
4.4 Berechnung des Längenausdehnungskoeffizienten 26
4.5 Stand der Technik 30
4.5.1 Messzelle eines horizontalen Schubstangendilatometers 30
4.5.2 Messzellen angrenzender Analysemethoden 32
4.5.3 Patentrecherche 36
5 Defizite und abgeleiteter Handlungsbedarf 39
6 Entwicklung einer kraftgesteuerten Dilatometermesszelle 43

6.1 Einführung ... 43
6.2 Anforderungen und Gesamtfunktion ... 44
6.3 Funktionsstruktur ... 47
6.4 Lösungsfindung zur geometrischen Strukturierung ... 51
6.5 Lösungsprinzipien ... 59
6.5.1 Wegmessung ... 60
6.5.2 Kraftmessung ... 65
6.5.3 Krafterzeugung und Verfahren der Messeinheit ... 68
6.5.4 Führung ... 72
6.6 Technisches Prinzip ... 76
7 Realisierung einer kraftgesteuerten Dilatometermesszelle ... 78
7.1 Gestaltforderungsplan ... 78
7.2 Konstruktionsentwurf ... 85
7.3 Regelungsschema ... 92
7.4 Justierung ... 93
8 Messungen mittels kraftgesteuerter Dilatometermesszelle ... 96
8.1 Messtechnischer Nachweis der Funktionsfähigkeit ... 96
8.1.1 Vorgehensweise ... 96
8.1.2 Durchführung, Auswertung und Interpretation ... 97
8.2 Messunsicherheitsbetrachtung ... 107
8.2.1 Messabweichungen ... 107
8.2.2 Berechnung der Messunsicherheit ... 110
8.2.3 Experimentelle Untersuchungen zur Messunsicherheit ... 113
8.3 Charakteristische Eigenschaften ... 121
9 Zusammenfassung und Ausblick ... 124
Quellenverzeichnis ... 127
Abbildungsverzeichnis ... 141
Tabellenverzeichnis ... 145

Anhang ... 147
A1 Normen ... 147
A2 Patentrecherche ... 149
A3 Grundlagentest zur Wegerfassung ... 152
A4 Grundlagentest zur Krafterzeugung ... 154
A5 Experimentelle Untersuchung der Einflussgrößen des inkrementalen Wegmesssystems ... 156
A6 Experimentelle Untersuchung der Einflussgrößen der kraftgesteuerten Messzelle ... 162
A7 Experimentelle Untersuchung der Höhenverschiebung des Kraftsensors ... 165

Abkürzungsverzeichnis

Abkürzung	**Beschreibung**
Abb.	Abbildung
AD	analog-digital
Al_2O_3	Aluminiumoxid
ASTM	American Society for Testing and Materials
C	Kohlenstoff, Modifikation Graphit
CCD	charge coupled device
DIL	Dilatometrie
DIN	Deutsches Institut für Normung e. V.
DMA	dynamisch-mechanische Analyse
DMS	Dehnungsmessstreifen
E	Energie
GUM	guide to the expression of uncertainty in measurement
ICTA	International Confederation for Thermal Analysis
ISO	International Organization for Standardization
KEP	konstruktiver Entwicklungsprozess
LED	light emitting diode
LVDT	linear variable differential transformer
m. CTE	mean coefficient of linear thermal expansion
M	Messeinheit
NIST	National Institute of Standards and Technology
PID	proportional-integral-differential
PTB	Physikalisch-Technische Bundesanstalt
S	Signal
SiO_2	Siliciumdioxid
Tab.	Tabelle
TMA	thermomechanische Analyse

Verzeichnis verwendeter Formelzeichen und Symbole

Zeichen	Einheit	Beschreibung
A	mm^2	Querschnittsfläche der Probe
E	N/mm^2	Elastizitätsmodul
F	N	Anpresskraft
ΔF	N	Änderung der Anpresskraft
$F_{Antrieb}$	N	Antriebskraft
F_F	N	Federkraft
F_G	N	Gewichtskraft
F_{Gegen}	N	Gegenkraft
F_{Klemm}	N	Klemmkraft
$F_{Kontakt}$	N	Kontaktkraft
F_{Piezo}	N	Kraft des Piezoschreitantriebs
F_R	N	Reibungskraft
$F_{Tauchspule}$	N	Kraft des Tauchspulenantriebs
k	-	Erweiterungsfaktor
L	mm	Probenlänge
L_0	mm	Ausgangslänge der Probe
Δl	mm	gemessene Längenänderung
ΔL	mm	relative Längenänderung der Probe
$\dot{Q}$	W	Wärmefluss
t	s	Zeit
T	$°C$	Messtemperatur der Probe
T_0	$°C$	Referenztemperatur (im Regelfall 20 °C)
ΔT	K	Temperaturdifferenz
M_y	Nm	Drehmoment um die y-Achse
u	-	Messunsicherheit
U	V	Antriebsspannung
X	mm	Position in x-Richtung
Δz	mm	Verschiebung in z-Richtung
α	$1/K$	thermischer Längenausdehnungskoeffizient

$\alpha(T)$	$1/K$	differentieller Längenausdehnungskoeffizient
$\bar{\alpha}(T_0;T)$	$1/K$	mittlerer Längenausdehnungskoeffizient
$\Delta\varphi_y$	°	Rotation um die y-Achse

Indizes	**Beschreibung**
i	Zähler
ist	Istwert
K	Korrekturwert
Lit	Literaturwert
n	Anzahl
P	Probenwert
R	Referenzwert
soll	Sollwert

Symbole[1]	**Beschreibung**
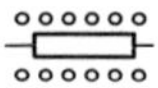	LVDT-Wegmesssystem
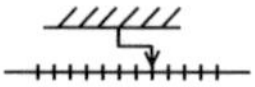	Inkrementales Wegmesssystem
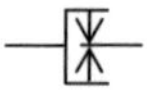	Klemmung
	Koppelstelle
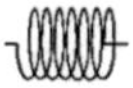	Feder
	Festkörpergelenk
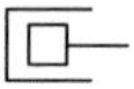	Tauchspulenantrieb

[1] Übliche technische Prinzipsymbole sind der Literatur [TUI05] zu entnehmen.

Kurzfassung

Werkstoffinnovation ist eine wesentliche treibende Kraft des 21. Jahrhunderts. Die Forschung und Weiterentwicklung von innovativen Materialien vergrößert stets deren Anwendungsbereich und den ressourceneffizienten Einsatz in technischen Gebilden. Dieser allgemeine Trend der Weiterentwicklung von Materialien führt zu höheren Anforderungen an Messgeräte, welche die zugehörigen Materialkenngrößen ermitteln. Im Bereich der Dilatometrie wird die Längenänderung von thermisch beeinflussten Materialien analysiert. Zukünftige und zum Teil bereits aktuelle messtechnische Anforderungen von z. B. weichen Materialien können mit bestehenden Möglichkeiten der technischen Realisierung nicht mehr sicher erfüllt werden. Hieraus leitet sich ein Handlungsbedarf hinsichtlich technischer und konstruktiver Weiterentwicklung ab.

Ziel dieser Arbeit ist es, den aktuellen Entwicklungsstand zur messtechnischen Erfassung von thermisch induzierten Längenänderungen darzustellen und Möglichkeiten für dessen Weiterentwicklung zu erarbeiten. Hierzu wird das Arbeitsfeld begrifflich und inhaltlich abgegrenzt. Mithilfe einer Betrachtung des Standes der Technik werden Anforderungen für die Weiterentwicklung abgeleitet. Im Rahmen der konstruktiven Entwicklung spielt hierbei die Reduzierung wesentlicher Störeinflüsse auf die Längenänderung der Probe eine entscheidende Rolle. Ein besonderes Ziel besteht darin, den Krafteinfluss während der Längenmessung stark zu verringern sowie den Einfluss durch manuelle Bedienung zu eliminieren. In der vorliegenden Arbeit werden für die Entwicklung und Realisierung einer kraftgesteuerten Messzelle systematisch Lösungsräume erarbeitet sowie anschließend schrittweise hinsichtlich der Erfüllung der gegebenen Anforderungen untersucht und bewertet. Aus methodischer Sicht stellt diese Arbeit eine Vorgehensweise zur zielgerichteten Entwicklung einer kraftgesteuerten Messzelle dar. Die Funktionsfähigkeit des erarbeiteten Konstruktionsentwurfs wird durch experimentelle Ergebnisse im Rahmen des messtechnischen Nachweises bestätigt. Den Abschluss dieser Arbeit bilden sowohl eine Einflussgrößenanalyse als auch eine Zusammenfassung ermittelter charakteristischer Eigenschaften der Messzelle gefolgt von einem Ausblick zur Weiterentwicklung.

Abstract

Material innovation is an essential driving force of the 21st century. The research and development of innovative materials always extends their application fields and their resource-efficient use in technical structures. This general trend of continuing development of materials leads to higher requirements to the measuring devices which determine the corresponding material parameters. In the field of dilatometry, the length changes of thermally influenced materials are analyzed. The future and partially current metrological requirements for soft materials, for instance, can no longer be reliably fulfilled with existing technical realization possibilities. This results in a need for action with regard to technical and constructive development.
The aim of this thesis is to present the current state of development for the measurement of thermally induced length changes and to work out possibilities for its further development. For this purpose, the field of work is delimited conceptually and in terms of content. By considering the state of the art, requirements for further development are inferred. The reduction of significant disturbance impacts on the sample's length change plays a decisive role within the constructive development. A particular aim is to considerably reduce the influence of the contact force during the length measurement as well as to eliminate the influence resulting from manual operation. In this thesis, solutions for the development and realization of a force-controlled measuring cell are systematically developed and subsequently examined and evaluated on a step-by-step basis with regard to the fulfillment of the given requirements. From a methodical point of view, this work constitutes an approach for the targeted development of a force-controlled measuring cell. The functionality of the developed design is confirmed by experimental results within the metrological proof. The conclusion of this study contains an analysis of influencing factors as well as a summary of the characteristic features of the measuring cell, followed by an outlook on further development.

1 Einleitung

„Mit innovativen Werkstoffen weltweit an die Spitze“ [Bun14].

Werkstoffinnovation wird in der Hightech-Strategie des Bundesministeriums für Bildung und Forschung als eine Schlüsseltechnologie beschrieben, welche in allen Technologiesektoren und Branchen gefragt ist. Alleine in Deutschland arbeiten rund fünf Millionen Menschen in werkstoffbasierten Branchen wie z. B. dem Fahrzeug- und Maschinenbau, der chemischen Industrie oder in der Energieversorgung. Weiterhin zählen Branchen wie die Elektrotechnik bzw. Elektronik sowie die Metallerzeugung und -verarbeitung zu diesem Bereich. Da im produzierenden Gewerbe die Materialkosten mit ca. 43 % mit Abstand der größte Kostenfaktor sind, bietet die Entwicklung neuer Werkstoffe erhebliches Innovationspotenzial zugunsten der Wettbewerbsfähigkeit der Unternehmen [Bun14], [Bra13].

Im Bereich der Materialforschung werden die verschiedenen Methoden der thermischen Analyse seit Jahrzehnten zur Charakterisierung unterschiedlichster Materialien und deren Kennwerten eingesetzt. Die ermittelten thermischen Kennwerte können z. B. für Materialsynthesen, zur Beschreibung des Materialverhaltens, für die richtige Werkstoffauswahl oder für Vorhersagen der Lebensdauer von Konstruktionselementen genutzt werden. Durch die Messungen thermophysikalischer Eigenschaften werden thermische Kennwerte gewonnen, welche die Basis für Simulationsrechnungen bilden [Net143].

Im allgemeinen Maschinenbau werden thermische Kennwerte als Grundvoraussetzung für die richtige Werkstoffauswahl und für Vorhersagen zur Lebensdauer bei der Entwicklung neuer Bauteile und Produkte verwendet. In anderen Bereichen, wie z. B. der Keramik-, Glas- oder Baustoffindustrie, werden durch die thermische Analyse unter anderem Kennwerte zur Phasenumwandlung, spezifischen Wärme und Wärmeleitfähigkeit ermittelt [Net143].

In der modernen Materialforschung wird versucht, kleinste Änderungen der Form und Struktur in Abhängigkeit vielzähliger Umgebungsvariablen zu bestimmen. Dieser Trend ist auch im Bereich der Analyse von

Längenänderungen zu erkennen, da z. B. die Ausdehnung von Keramiken, Polymeren oder Schaumstoffen aufgrund von thermisch induzierten Temperaturänderungen mit immer höherer Auflösung über einen großen Messbereich erfasst wird (vgl. Abb. 1).

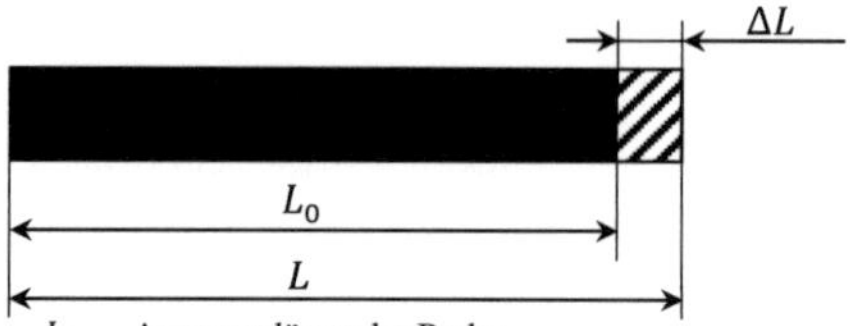

L_0 Ausgangslänge der Probe
ΔL relative Längenänderung der Probe
L Probenlänge

Abb. 1: Längenänderung einer Probe durch Temperaturbeeinflussung

Diese Materialeigenschaft wird mit einem Dilatometer messtechnisch ermittelt, welches zu den am weitesten verbreiteten thermischen Analysegeräten zur Messung von Längenänderungen zählt. Hierbei wird die relative Längenänderung ΔL aufgrund von Temperaturveränderungen als Differenz der thermisch beeinflussten Probenlänge L zur Ausgangslänge der Probe L_0 ermittelt (vgl. Abb. 1). Die Messdaten werden dabei an eine Auswertungssoftware übergeben und je nach Materialverhalten können verschiedene Kennwerte bestimmt werden. Zur Charakterisierung der Längenausdehnung aufgrund von Temperaturänderung ist die Ermittlung der thermischen Ausdehnung bzw. des thermischen Längenausdehnungskoeffizienten von großer Bedeutung.
Die vorliegende Arbeit beginnt mit einer Analyse des aktuellen Standes der Technik bezüglich der Messungen von thermisch beeinflussten Längenänderungen. Hierbei weist die seit Jahrzehnten eingesetzte Messtechnik einige limitierende Eigenschaften auf. In der Historie der Dilatometrie wurden vorwiegend Werkstoffe mit hoher Druckfestigkeit wie z. B. Metalle analysiert. Der zunehmende Einsatz von Werkstoffen mit geringeren Druckfestigkeiten wie beispielsweise Polymere oder Schaumstoffe begründet die Notwendigkeit einer kraftunabhängigen Ermittlung des thermischen Ausdehnungskoeffizienten. Dadurch lässt sich ein Handlungsbedarf zur Entwicklung einer kraftgesteuerten Messzelle für Dilatometeranwendungen ableiten.

2 Zielstellung der Arbeit

Den Ausgangspunkt dieser Arbeit bildet die durch die Werkstoffentwicklung getriebene Erhöhung der Anforderungen an ein Messgerät. Das vergangene Jahrzehnt zeichnete sich speziell durch Entwicklungen moderner Werkstoffe aus, welche eine mehrkriterielle Erweiterung der Leistungsfähigkeit der thermischen Messgeräte verlangt. Hierbei spielen der Messbereich, die Auflösung, das Linearitätsverhalten sowie die Eliminierung von bisher nicht berücksichtigten Fehlereinflüssen eine wichtige Rolle.

Für die Ermittlung der thermischen Längenänderung sind die Methoden der Dilatometrie, der thermomechanischen und der dynamisch-mechanischen Analyse elementar (vgl. Abb. 2). Die Bestimmung der Längenänderung ist hierbei eine der grundlegenden Anforderungen an die Messzelle eines derartigen Analysegeräts.

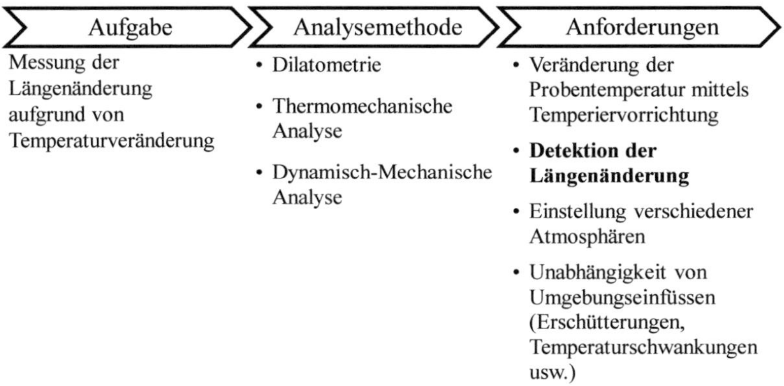

Abb. 2: Anforderungen an ein Messgerät zur Bestimmung von thermischen Längenänderungen

Ziel dieser Arbeit ist es, die bestehende Messzelle zur Erfassung der Längenänderung einer thermisch beeinflussten Probe weiterzuentwickeln, sodass eine deutliche Erweiterung der Leistungsdaten erreicht werden kann. Diese Arbeit beschränkt sich dabei auf die Methode der Dilatometrie und deren Messgeräte. Eine Analyse des Standes der Technik bildet dabei den

Ausgangspunkt für die Entwicklung einer kraftgesteuerten Messzelle. Weiterhin ist es das Ziel, für die Messmethode der Dilatometrie weiterführende Funktionen zu erschließen und bekannte Fehlereinflüsse zu eliminieren.

In dieser Dissertation werden die grundlegenden Überlegungen zur Entwicklung einer kraftgeregelten Messzelle für Dilatometer entwickelt und systematisch detailliert. Der dargestellte Lösungsweg und die beschriebenen strukturellen Ansätze können fortführend bei der Weiterentwicklung von angrenzenden Methoden im Bereich der thermischen Analyse herangezogen werden.

3 Abgrenzung des Arbeitsfeldes

Eine klare Abgrenzung des Bearbeitungsfeldes ist für diese Arbeit zwingend notwendig. Die bereits in der Zielstellung getroffene Einschränkung auf die Entwicklung einer kraftgesteuerten Messzelle im Bereich der Dilatometrie erfordert eine weitere Beschränkung. Der Fokus der vorliegenden Arbeit liegt auf der Analyse des Istzustandes sowie der darauf aufbauenden Ableitung erforderlicher Maßnahmen und deren Umsetzung für die Einführung einer kraftgesteuerten Messzelle für Schubstangendilatometer. Zusätzliche inhaltliche Einschränkungen werden im jeweiligen Kapitel getroffen.

3.1 Definitionen und Begriffe

Im Folgenden werden wichtige Definitionen und Begriffe im Bereich der thermischen Längenänderung erläutert.

- Thermische Analyse

Der Begriff thermische Analyse ist definiert als „Analyse der Änderung einer Probeneigenschaft, wobei diese Änderung mit einer aufgezwungenen Temperaturänderung verknüpft ist“ [DIN51005]. Nach [Hai95] bezeichnet die thermische Analyse eine Gruppe von Verfahren, bei denen eine Eigenschaft einer Substanz als Funktion der Temperatur gemessen wird, während die Substanz einem geregelten Temperaturverlauf unterworfen wird. Hierbei ist speziell die Änderung einer physikalischen oder chemischen Eigenschaft definiert. Das geregelte Temperaturprogramm kann sowohl Heiz- und Kühlvorgänge mit einer festgelegten Temperaturänderungsrate als auch isotherme Bereiche beinhalten. Über ein definiertes Messprogramm wird der zu untersuchenden Probe thermische Energie entzogen bzw. zugeführt und somit die Probentemperatur gezielt beeinflusst [Rou06], [Cha92], [ASTM_E473].

- Dilatometrie (DIL)

Die Dilatometrie beschreibt eine thermoanalytische Methode, welche „Änderungen der geometrischen Abmessungen der Probe“ untersucht, „während diese einer Temperaturänderung unterworfen ist“ [DIN51005]. In [ASTM_E473] werden die geometrischen Änderungen genauer als Längen- oder Volumenänderung einer Probe spezifiziert. Die geringe Krafteinwirkung auf die Probe zu deren Kontaktierung wird vernachlässigt. Messgeräte dieser thermischen Messmethode werden als Dilatometer bezeichnet und dienen vorwiegend der Ermittlung des thermischen Längenausdehnungskoeffizienten [Hei82].

- Thermomechanische Analyse (TMA)

Die thermomechanische Analyse definiert eine Methode zur „Messung der Änderung von geometrischen Abmessungen oder mechanischen Eigenschaften der Probe, während die Probe einer Temperaturänderung unterworfen ist“ [DIN51005]. Neben der zusätzlichen Messungen mechanischer Eigenschaften unterscheidet sich die TMA zur DIL nach [ASTM_E473] in der definierten Krafteinwirkung auf die Probe.

- Dynamisch-mechanische Analyse (DMA)

Die dynamisch-mechanische Analyse ist eine Methode zur Erfassung des Speicher- und Verlustmoduls einer Probe unter Einwirkung einer oszillierenden Kraft. Dabei wirkt auf die Probe ein kontrolliertes Temperaturprogramm in einer definierten Atmosphäre [ASTM_E473]. Die DMA ermittelt frequenz- und temperaturabhängig viskoelastische Eigenschaften und bestimmt z. B. elastische Modul- und Dämpfungswerte [Net161], [Net13].

- Probe

Als Probe[2] wird das zu untersuchende Objekt bezeichnet und ist Träger der Messgröße. Diese ist generell im Rahmen der Probenvorbereitung mit ebenen und rechtwinklig zur Längsachse definierten Stirnflächen herzustellen

[2] Nach [DIN51045_1] auch als Prüfkörper bezeichnet bzw. nach [DIN1319_1] als Messobjekt.

[DIN51045_1], [DIN1319_1]. Übliche Proben weisen eine zylindrische Geometrie mit einem Durchmesser im Bereich von 4 mm bis 8 mm und einer Länge von 10 mm bis 50 mm auf [Net12].

- Referenzprobe

Die Referenzprobe[3] dient der Ermittlung der Korrekturfunktion[4] des Gerätes. Das Ausdehnungsverhalten wird als bekannt vorausgesetzt und darf keine irreversiblen Anteile enthalten. Die Referenzprobe ist daher als Gebrauchsnormal[5] zu sehen und stellt den Wert einer bekannten Größe dar [Müh06]. Die Referenzprobe sollte in deren Abmessungen und thermischen Eigenschaften möglichst ähnlich der zu untersuchenden Probe sein. Referenzproben werden beispielsweise aus den Werkstoffen Quarzglas, Aluminiumoxid, Platin oder Graphit hergestellt [DIN51045_1], [ASTM_E228] und sind mit einem Durchmesser von 6 mm und einer Länge von 25 mm verfügbar [Net12]. Eine rückführbare Kalibrierung der Referenzproben auf die SI-Einheit Meter wird durch Metrologieinstitute (z. B. PTB, NIST) angeboten.

- Temperiereinheit

Die Temperiereinheit[6] hat die Funktion eine vom Bediener definierte gleichmäßige Temperaturänderung der Probe zu gewährleisten. Die Erwärmung erfolgt über ein Heizelement im Inneren des Ofens. Temperaturen unterhalb der Raumtemperatur werden durch externe Kühlmedien (z. B. gekühlte Luft, gasförmiger oder flüssiger Stickstoff) im Ofenmantel realisiert. Um einen Temperaturbereich zwischen - 180 °C und 2800 °C zu ermöglichen, stehen verschiedene austauschbare Temperiereinheiten zur Verfügung. Die

[3] Nach [DIN51045_1] auch als Referenzkörper benannt; wird in der Regel auch als Standard bezeichnet.
[4] Korrektion nach [DIN1319_1]: Wert, der nach algebraischer Addition die bekannte systematische Messabweichung ausgleicht. Die Ermittlung des Korrekturwerts ist eine Kalibrierung, eine Bestimmung der Messabweichung, also des Zusammenhanges zwischen dem ausgegebenen und dem wahren Wert einer Messgröße. Bei einer Kalibrierung erfolgt kein Eingriff in die Messeinrichtung [Müh06], [DIN1319_1].
[5] Wird auch als Referenz- bzw. Arbeitsnormal bezeichnet [Par08] und gewährleistet über eine ununterbrochene Kette von Vergleichsmessungen über Primär- und Sekundärnormale die messtechnische Rückführbarkeit der Messergebnisse [Gro05].
[6] Wird in der Regel als Ofen bezeichnet [DIN51045_1], obwohl je nach konstruktiver Ausführung eine Erwärmung oder Abkühlung möglich ist.

Temperiereinheit ist axial verschiebbar, sodass die Zugänglichkeit der Probenhalterung zum Einlegen der Proben ermöglicht wird.

- Probenhalterung und Übertragungssystem

Die Probenhalterung dient der kippsicheren und spielfreien Positionierung der Proben und Referenzproben. Diese besteht aus einem Tragrohr mit hohlzylindrischem Querschnitt[7], einem Fühlstempel und einem geeigneten Anschlag [DIN51045_1], [ASTM_E228]. Die Probe wird dabei über Probenauflagen in dem Tragrohr positioniert. Das Übertragungssystem bildet das o. g. Tragrohr und der Fühlstempel, welche die Längenänderung der Probe in die Messzelle übertragen.

- Kontaktfläche

Als Kontaktfläche werden alle Bereiche der Probe bzw. der Referenzprobe bezeichnet, welche in Kontakt mit anderen Komponenten stehen. Diese sind beispielhaft der Fühlstempel, die Probenauflage oder der Anschlag.

- Messzelle

Die Messzelle ist das Kernstück des Messgeräts und maßgeblich an der Qualität der Messergebnisse beteiligt. Neben der Messeinrichtung zur Bestimmung der Längenänderung der Probe sind weitere Funktionen wie z. B. die Führung des Fühlstempels oder die Erzeugung der Anpresskraft zur Gewährleistung des Probenkontakts angesiedelt. Die funktionellen Komponenten zur Messung der Längenänderung werden zu einer Messeinheit zusammengefasst. Diese Messeinheit ist zur Anpassung an verschiedene Probenausgangslängen beweglich.

- Thermischer Längenausdehnungskoeffizient

Bei der Definition des thermischen Längenausdehnungskoeffizienten[8] wird zwischen zwei Kennwerten unterschieden, vgl. Tab. 1.

---

[7] [Net14] zeigt weitere Ausführungsformen wie z. B. eine spezielle Anordnung von Stäben.
[8] Wird nach [ASTM_E228] als „coefficient of linear thermal expansion" (CTE) bezeichnet.

Tab. 1: Berechnung der thermischen Längenausdehnungskoeffizienten nach [DIN51045_1], [ASTM_E228]

Bezeichnung	Berechnung
Mittlerer Längenausdehnungskoeffizient	$\overline{\alpha}(T_0;T) = \frac{1}{L_0} \cdot \frac{\Delta L}{\Delta T} = \frac{1}{L_0} \cdot \frac{\Delta L}{T - T_0}$
Differentieller Längenausdehnungskoeffizient	$\alpha(T) = \frac{1}{L_0} \cdot \frac{dL}{dT}$

Eine detaillierte Betrachtung der Berechnung des Längenausdehnungskoeffizienten sowie der Korrekturwerte zur Berücksichtigung verschiedener Einflussfaktoren erfolgt in Abschnitt 4.4.

3.2 Klassifizierung

3.2.1 Klassifizierung der thermischen Messmethoden

In der Literatur[9] werden verschiedene Einteilungsmöglichkeiten für den Bereich und die Messmethoden der thermischen Analyse beschrieben. Abb. 3 zeigt eine Einteilung, welche den Begriff der thermischen Analyse zunächst in die zu untersuchende Eigenschaft einer Probe untergliedert. Analysierbare Eigenschaften sind beispielsweise sowohl die Masse, die Temperatur als auch die Geometrie oder der elektrische Widerstand einer thermisch beeinflussten Probe. Akustische oder optische Eigenschaften werden in der Literatur als weitere Eigenschaften genannt [Wen86]. Diese zählen allerdings nicht zu den gängigen Methoden der thermischen Analyse und werden daher nicht weiter betrachtet. Nachgelagerte Messmethoden, wie beispielsweise die Emissionsgasanalyse[10], werden in Abb. 3 ebenfalls nicht berücksichtigt.

[9] Zum Beispiel [DIN51005], [Dan73], [Hai95], [Hem89], [ASTM_E473], [Net15], [Rou06], [Wen86].

[10] Bei dieser Methode wird im ersten Schritt die Massenveränderung gemessen und anschließend die Zusammensetzung der Emissionsgase untersucht [Hem89].

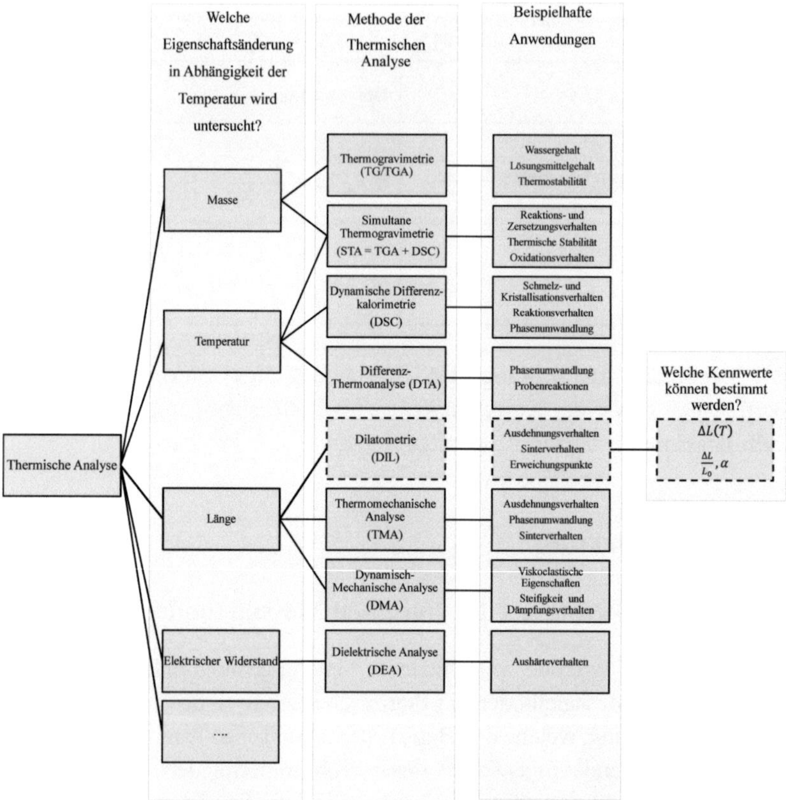

Abb. 3: Klassifizierung der thermischen Analyse nach zu untersuchenden Eigenschaftsänderungen in Anlehnung an [Hem89], [Net15], [Net16], [Wen86], [Dan73], [Rou06] mit gestrichelter Kennzeichnung der Dilatometrie

In Abb. 3 sind verbreitete Messmethoden der thermischen Analyse dargestellt. Eine typische messbare Materialeigenschaft ist die Änderung der Länge. Wie bei der Begriffsdefinition erläutert, werden die Methoden der Dilatometrie, der thermomechanischen Analyse und der dynamisch-mechanischen Analyse der Untersuchung von Längenänderungen zugeordnet. Typische Anwendungen sind die Ermittlung des Ausdehnungs- und Sinterverhaltens, aber auch die Bestimmung von viskoelastischen Eigenschaften.

Untersuchungsgegenstand dieser Arbeit ist die thermische Analysemethode der Dilatometrie. Alle übrigen Methoden der thermischen Analyse (vgl. Abb. 3) wie z. B. die dynamische Differenzkalorimetrie oder die Thermogravimetrie werden daher im weiteren Verlauf der Arbeit nicht betrachtet.

3.2.2 Klassifizierung der Messgrößen

Eine weitere Klassifizierung bzw. Unterscheidung der thermischen Analysemethoden DIL, TMA und DMA ist durch die Erfassung der Messgröße und der möglichen mathematischen Ableitung weiterer Kennwerte zu erreichen. Diese spielen für die Auswertung der Messung und für die anschließende Berechnung von Materialkennwerten sowie die Analyse von thermischen Effekten eine wichtige Rolle. Bei der Methode DIL wird der zeitliche Verlauf der Messgrößen Länge und Temperatur erfasst (vgl. Tab. 2) [Net12]. Da gemäß der Definition der Messmethode TMA eine konstante Kraft als Funktion der Zeit vorgeschrieben wird, erfolgt im Unterschied zur DIL zusätzlich die Messung der Kontaktkraft [Hai95]. Ziel der Methode DMA ist es, neben der Temperatur den Verlauf der Kontaktkraft[11] als Funktion der Zeit zu erfassen. Dadurch können Informationen über den Verlauf mechanischer Eigenschaften als Funktion der Zeit und Temperatur bestimmt werden. Dies ermöglicht die Ermittlung von Kennwerten wie z. B. der Elastizität, Viskosität sowie des Speichermoduls, Verlustmoduls und des Verlustwinkels [Hem89], [Net13].

Der Bereich der Dilatometrie sowie der thermomechanischen und dynamisch-mechanischen Analyse ist definiert durch die Gemeinsamkeit der Messung geometrischer Änderungen. Darüber hinaus kann eine Vielzahl weiterer Kenngrößen berechnet sowie thermische Effekte bestimmt werden, welche in Tab. 2 zusammenfassend dargestellt sind.

[11] Nach [Net13] eine geringe, sinusförmige dynamische Belastung.

Tab. 2: Klassifikation der Messgröße der Methoden DIL, TMA, DMA nach [Hei82], [Dan73], [Net14], [Net142], [Net13], [Net12], [Net141]

Messgröße	**Abgeleitetes Signal**	**Methode**	**Thermischer Effekt / Kennwert**
$\boldsymbol{L(t)}$ $T(t)$	$\boldsymbol{L(T)}$	DIL	• thermische Längenänderung • thermischer Ausdehnungskoeffizient • Schrumpfungsverhalten • Glasübergangstemperatur • Phasenübergänge • Sinterverhalten • Erweichungsverhalten • Volumenausdehnung
$\boldsymbol{L(t)}$ $T(t)$ $F(t)$	$\boldsymbol{L(T)}$ $F(T)$ $L(F)$	TMA	• thermische Längenänderung • thermischer Ausdehnungskoeffizient • Schrumpfungsverhalten • Glasübergangstemperatur • Phasenübergänge • Sinterverhalten • Erweichungsverhalten • Dämpfungsverhalten • Schmelzverhalten
$\boldsymbol{F(t)}$ $T(t)$ $L(t)$	$\boldsymbol{F(T)}$ $F(L)$ $L(T)$	DMA	• viskoelastische Kenngrößen • Alterungsverhalten • Aushärtungsverhalten • Kriechen und Relaxation • Multifrequenztests

Die in Tab. 2 aufgeführten Kennwerte und thermischen Effekte fester Körper in Abhängigkeit von der Temperatur sind wichtige Materialeigenschaften, welche für den Einsatz von Werkstoffen oft von entscheidender Bedeutung sind. Die dafür entwickelten statischen und dynamischen Analysemethoden ermöglichen Rückschlüsse über den Einfluss von Rohmaterialien bzw. deren Additiven, die Zersetzungstemperatur oder die Optimierung von Brennprozessen. Weiterhin können Daten wie z. B. die Glasübergangstemperaturen hochvernetzter, amorpher oder teilkristalliner Polymere und Verbundwerkstoffe ermittelt werden. Hauptanwendungsgebiete der DIL, TMA und DMA sind daher die Werkstoffentwicklung, Prozessoptimierung und Überwachung der Produktqualität. Die Werkstoffgruppen Glas und Keramik bieten neben den Metallen und Legierungen die größten Applikationsgebiete.

Aus den Einsatzgebieten können für ein Dilatometer folgende Anforderungen abgeleitet werten:

- Vernachlässigbare oder keine Kraftwirkung und reibungsfreie Übertragung der Längenänderung
- Hohe Empfindlichkeit und Auflösung der Messeinrichtung
- Großer Temperaturbereich

3.2.3 Klassifizierung der Dilatometrie

Eine grundsätzliche Unterscheidung der Dilatometer ist durch die Methode der Kontaktierung der Probe zu treffen. Dabei ist zwischen einer berührenden und einer berührungslosen Kontaktierung zu differenzieren, welche mit mechanischen bzw. optischen Übertragungstechniken korrespondieren (vgl. Abb. 4). Weitere, unübliche Übertragungstechniken, welche z. B. elektrisch oder röntgenographisch erfolgen, werden nicht weiter betrachtet [Pat16].

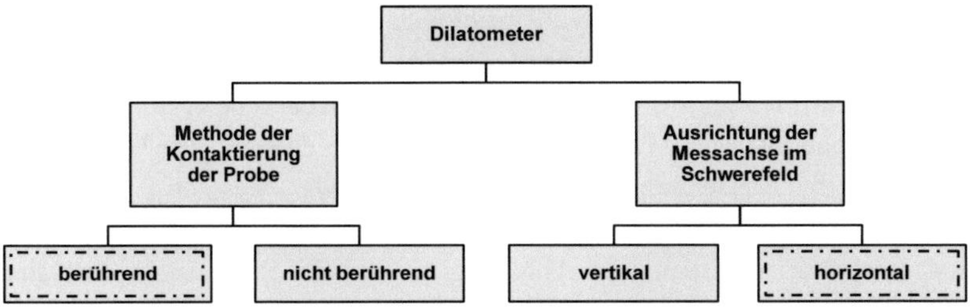

Abb. 4: Klassifikation von Dilatometern nach der Kontaktmethode zur Probe und Ausrichtung der Messachse

Einen berührungslosen Kontakt zur Probe realisieren optische Dilatometer. Diese können jedoch nicht universell eingesetzt werden, da eine Vielzahl der Proben die notwendigen Probeneigenschaften nicht erfüllt. Für eine Messung ist daher eine spezielle Probenvorbereitung erforderlich. Die Verbindung von Probe mit Reflektor ist jedoch in dem kompletten Temperaturbereich nicht umsetzbar. Optische Dilatometer werden daher nicht weiter betrachtet. Im

Unterschied dazu ist eine berührende Kontaktierung der Probe universell möglich. Die Übertragung von der Probe zur Messzelle erfolgt über einen Fühlstempel. Derartige mechanische Dilatometer, welche dem Schema in Abb. 5 folgen, werden als Schubstangendilatometer bezeichnet [Hem89].

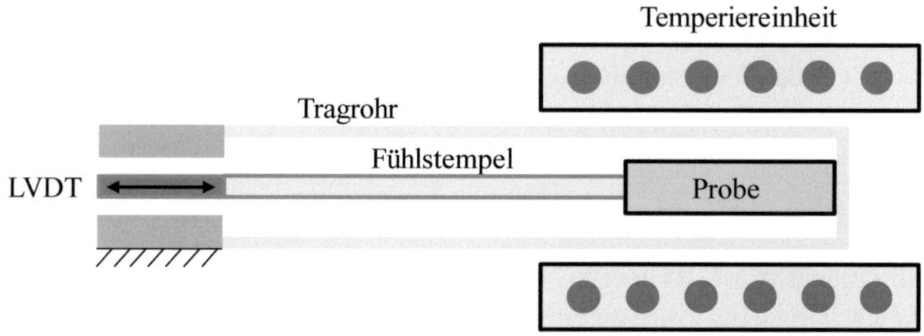

Abb. 5: Schema eines horizontalen Schubstangendilatometers nach [Net14]

Weiterhin sind Dilatometer nach Abb. 4 nach der Ausrichtung der Messachse im Schwerefeld zu klassifizieren. Hierbei ist zwischen einer vertikalen oder horizontalen Anordnung zu unterscheiden. [Dan73] beschreibt wesentliche Unterschiede und Auswirkungen bezüglich der Probenausrichtung. Bei horizontaler Anordnung der Probe wirkt der Längenausdehnung eine Reibungskraft entgegen, welche durch die Relativbewegung in der Kontaktfläche zwischen Probenauflage und Probe entsteht. Im Unterschied dazu wird die Ausdehnung der Probe bei vertikaler Messachse durch das Eigengewicht der Probe und des Fühlstempels beeinflusst. Diese Gewichtskräfte verursachen in Abhängigkeit von der Probensteifigkeit eine Kompression und somit eine messtechnisch störende Verformung der Probe.

Generell existieren alle in Abb. 4 aufgezeigten Kombinationsmöglichkeiten bezüglich der Ausrichtung der Messachse und der Methode der Kontaktierung. Der Betrachtungsschwerpunkt wird im Rahmen dieser Arbeit auf die in Abb. 5 dargestellten horizontalen Schubstangendilatometer gelegt, welche durch eine horizontale Messachse in Verbindung mit einer berührenden Kontaktierung der Probe gekennzeichnet sind (vgl. Abb. 4, Umrandungen).

3.2.4 Klassifizierung der Messmethode

Die Messmethode der Dilatometrie kann in unterschiedliche Messvorgänge eingeteilt werden (vgl. Abb. 6).

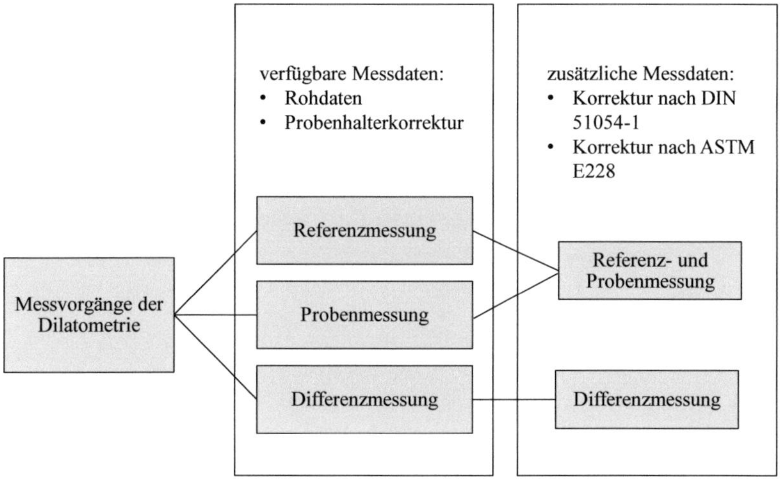

Abb. 6: Klassifizierung der Messvorgänge der Dilatometrie je nach Messdaten [DIN51045_1], [ASTM_E228]

Die Referenzmessung dient der Ermittlung der Korrekturfunktion durch die Vermessung einer Referenzprobe. Diese Rohdaten können durch die Probenhalterkorrektur berichtigt werden. Hierbei wird die Längenänderung des Tragrohrs, welche dem Anteil der Probenlänge entspricht, berechnet und entsprechend addiert [DIN51045_1]. Dieses Vorgehen ist auch bei direkter Probenmessung möglich (vgl. Abb. 6). Die Durchführung einer Referenzmessung mit anschließender Probenmessung erlaubt die Korrektur der Rohdaten nach DIN 51054-1 bzw. ASTM E228. Die in Abb. 6 aufgezeigte Differenzmessung ist ausschließlich mit einer speziellen Ausführung der Schubstangendilatometer, den Differenzdilatometern, möglich. Das Wegmesssystem ist hierbei nicht an der Probenhaltevorrichtung, sondern an einer zweiten Schubstange befestigt, welche ständig an einer Referenzprobe anliegt [DIN51045_1], [Gor96].

Im Rahmen dieser Arbeit werden die Messvorgänge Referenzmessung und Probenmessung angewandt. Das Messvorgehen der Differenzmessung sowie die dafür nötigen Anpassungen des Messgeräts werden im weiteren Verlauf nicht betrachtet.

4 Grundlagen der Dilatometrie

Dieses Kapitel dient der Vorstellung des grundlegenden Aufbaus eines Dilatometers, der Nennung gültiger Normen und der Darstellung des Ablaufs zur messtechnischen Durchführung einer Dilatometermessung. Weiterhin werden die Berechnungsgrundlagen zur Ermittlung des thermischen Längenausdehnungskoeffizienten und die etablierte Funktionsweise der Dilatometermesszelle sowie angrenzender Analysemethoden aufgezeigt. Abgerundet wird der Abschnitt durch eine Patentrecherche zum Zeitpunkt der Entwicklungstätigkeit.

4.1 Aufbau eines Dilatometers

Im Folgenden wird auf die Grundbestandteile eines horizontalen Schubstangendilatometers eingegangen, welches zu den weit verbreiteten thermischen Analysegeräten zur Messung von Längenänderungen zählt. Abb. 7 zeigt das Schema eines horizontalen Schubstangendilatometers bestehend aus den Komponenten Messzelle, Gestell, Übertragungssystem, Temperiereinheit und Probe. Das gegebene Schema soll eine Groborientierung bieten, stellt jedoch keinen zwingenden Aufbau zur Strukturierung eines Dilatometers dar.

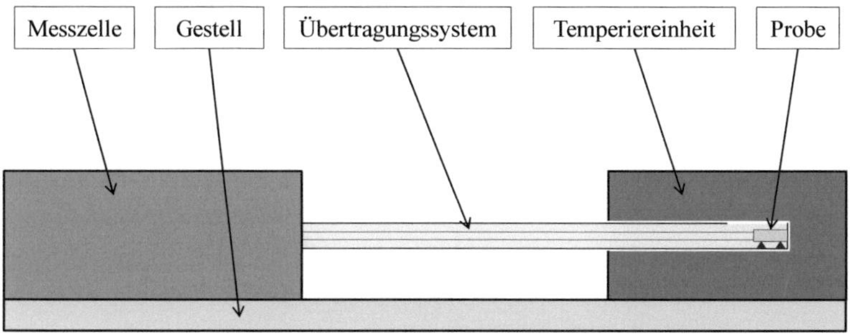

Abb. 7: Schema eines horizontalen Schubstangendilatometers

Die Probe bzw. Referenzprobe wird eindeutig und frei von Spiel über Probenauflagen auf dem Tragrohr platziert. Die zu untersuchende Probe befindet sich in einer über das Gestell verschiebbaren Temperiereinheit, welche wahlweise zur Kühlung oder Erwärmung der Probe verwendet werden kann. Durch die Temperaturänderung wird eine Längenänderung der Probe hervorgerufen, welche über das Übertragungssystem an die Messzelle weitergegeben wird (vgl. Abb. 7). Das Übertragungssystem besteht aus dem Tragrohr und einem Fühlstempel, welcher in direktem Kontakt zur Probe steht und die Längenänderung auf ein Wegmesssystem überträgt.

- Temperiereinheit

Die Temperiereinheit hat die Funktion der gezielten thermischen Beeinflussung der Probe. Dabei wird vom Bediener ein definiertes Temperaturprogramm mit möglichst gleichmäßiger Temperaturänderung vorgegeben. Die Temperaturveränderung kann durch Erwärmung oder Kühlen erfolgen. Um einen Temperaturbereich zwischen - 180 °C und 2800 °C abzudecken, stehen verschiedene austauschbare Temperiereinheiten mit unterschiedlichen Temperaturbereichen nach dem Baukastenprinzip zur Verfügung [TAI14], [Net14]. Horizontale Messsysteme besitzen den Vorteil, dass die Temperiereinheit, welche horizontal und konzentrisch zur Messachse angebracht ist, einem geringen Einfluss der Konvektion ausgesetzt ist. Dadurch können horizontale Dilatometer insbesondere bei langen Proben eine einheitliche Temperaturverteilung über der Probe und somit thermische Homogenität erreichen.
Eine Übersicht der verschiedenen Temperiereinheiten unter Angabe des jeweiligen Temperaturbereichs ist in Abb. 8 dargestellt.

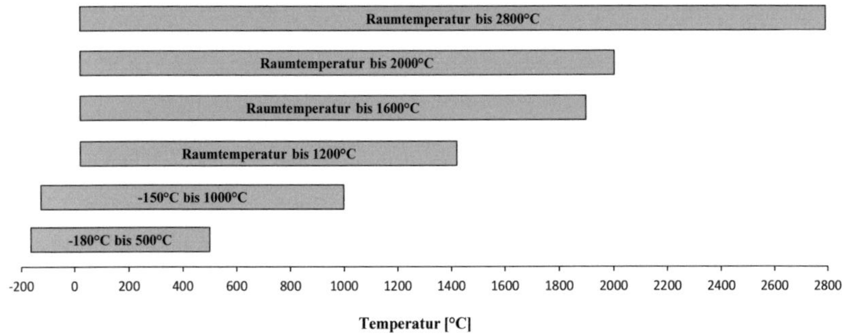

Abb. 8: Temperaturbereiche verschiedener Temperiereinheiten nach [Net14]

Als Heizelement der Temperiereinheiten werden im unteren Temperaturbereich Widerstandsheizdrähte eingesetzt. Bis 1600 °C sind Heizelemente aus Siliziumcarbid und im oberen Temperaturbereich aus Graphit im Einsatz.

- Probenumgebung

Die Probenumgebung bildet die Probehalterung (vgl. Abb. 9). Die Probe wird über Probenauflagen im Tragrohr positioniert. Die planparallelen Stirnflächen der Probe, hergestellt durch Probenpräparation, sind mit dem Anschlag der Probenhalterung und dem Fühlstempel in Kontakt. Das gestellfest fixierte Tragrohr sowie der in Messachse bewegliche Fühlstempel dienen als Übertragungssystem der Längenänderung zur Messzelle. Weiterhin ist im Bereich der Probe ein Thermoelement zur Erfassung der Probentemperatur vorhanden. Das Tragrohr sowie die Probenauflagen sind von der Abmessung der Probe abhängig und daher in verschiedenen Größen verfügbar. Im Bereich der Probe ist das Tragrohr ausgespart, sodass die von der Temperiereinheit freigesetzte Wärme die Probe temperieren kann[12].

[12] Die Wärmeübertragung von der Temperiereinheit zur Probe erfolgt vorwiegend durch Konvektion und Wärmestrahlung. Da kein direkter Kontakt zwischen Temperiereinheit und Probe besteht, wirkt die Wärmeleitung nur im Bereich der Probenhalterung.

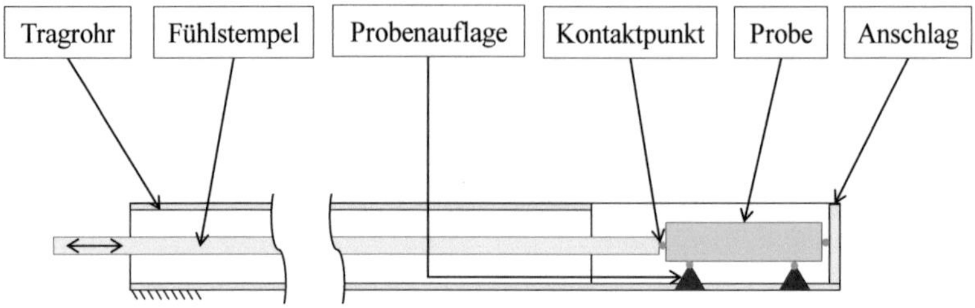

Abb. 9: Schema einer Probenhalterung

In Abhängigkeit vom Temperaturbereich stehen die Komponenten der Probenhalterung als Set in verschiedenen Materialien zur Verfügung (vgl. Tab. 3). Unterhalb von Raumtemperatur bis 1100 °C ist die Verwendung von Probenhalterungen aus dem Rohmaterial Quarzglas möglich. Tragrohr, Probenauflagen und Fühlstempel aus Aluminiumoxid können bis 1600 °C und aus Graphit bis 2800 °C eingesetzt werden.

Tab. 3: Verschiedene Probenhaltermaterialien nach [Val81], [FRI16], [Aac16], [Sch16]

Material	**Temperatur-bereich**	**Mittlerer Längen-ausdehnungskoeffizient (20 °C - 1000 °C)**
Quarzglas (SiO_2)	≤ 1100 °C	$0{,}5 \cdot 10^{-6} \frac{1}{K}$
Aluminiumoxid (Al_2O_3)	≤ 1600 °C	$8{,}2 \cdot 10^{-6} \frac{1}{K}$
Graphit (C)	≤ 2800 °C	$4{,}5 \cdot 10^{-6} \frac{1}{K}$

- Messzelle

Die Messzelle besitzt die Funktion, die vom Fühlstempel übertragene Längenänderung der Probe zu bestimmen. Ein Wegmesssystem erfasst die Position des Fühlstempels und wandelt diese in ein elektrisches Signal um. Die während der Messung aufgenommenen Signale werden von der Messelektronik verarbeitet und anschließend an eine Anzeige oder an die

Software eines externen Computers übertragen. Um unterschiedliche Probenlängen zu untersuchen, ist die Messeinheit als beweglicher Teil der Messzelle mitsamt Fühlstempel in Richtung der Messachse verstellbar gestaltet. Die Messeinheit besteht neben dem Wegmesssystem aus weiteren Komponenten zur Führung des Fühlstempels und Realisierung der Anpresskraft.
Die Unabhängigkeit der Messzelle von thermischen Effekten ist sicherzustellen. Komponenten innerhalb der Messzelle dürfen daher durch Wärmeleitung der Temperiereinheit und Probenhalterung bzw. durch Schwankungen der Umgebungstemperatur thermisch nicht beeinflusst werden[13].

- Gestell

Das Gestell verbindet die Messzelle mit der Aufnahme der beweglichen Temperiereinheit. Zusätzlich dient das Gestell als Basis für alle weiteren Anbauten und Anordnung der notwendigen Anschlüsse für die Signal- und Energieversorgung. Weiterhin wird im Gestell der Bauraum für die benötigte Elektronik, Leistungseinheit und weitere Komponenten bereitgestellt.

- Temperaturerfassung mit Thermoelement

Die Erfassung der für die Auswertung relevanten Probentemperatur wird über ein Thermoelement realisiert[14]. Dieses ist an dem Probentragrohr fixiert und wird vom Bediener in unmittelbarer Nähe zur Probe angebracht. Die Temperaturerfassung der Temperiereinheit erfolgt ebenfalls über ein weiteres Thermoelement. Bei der Definition des Temperaturprogramms ist durch den Bediener der Messpunkt der Temperaturregelung zu wählen. Dabei ist zwischen dem o. g. Thermoelement der Probe oder der Temperaturerfassung innerhalb der Temperiereinheit zu wählen [Net14].

---

[13] Etablierte Lösungen zur Sicherstellung der Unabhängigkeit der Messzelle von thermischen Effekten sind z. B. ein geschlossener Regelkreis zur konstanten Thermostatisierung durch zusätzliche Temperierelemente im Bereich der Messzelle oder eine offene Steuerkette anhand eines externen Thermostatbades.
[14] Thermoelemente werden meist bis 2000 °C eingesetzt und über Schmelzproben kalibriert. Die Temperatur-erfassung oberhalb dieses Wertes erfolgt mit Strahlungspyrometern auf Basis von Farbänderung [Par08].

In Tab. 4 sind die im Bereich der Dilatometrie üblichen Typen von Thermoelementen mit deren Temperaturbereichen und Fehlergrenzen[15] dargestellt.

Tab. 4: Auflistung verschiedener Thermoelementtypen [TCM12], [DIN60584_2], [Netz]

Typ	Klasse	Temperaturbereich	Fehlergrenze
B	2	600 °C bis 1700 °C	± 0,0025 · T
D	2	0 °C bis 400 °C 400 °C bis 2320 °C	± 4,5 K ± 0,01 · T
K	1	-40 °C bis 375 °C 375 °C bis 1000 °C	± 1,5 K ± 0,004 · T
S	1	0 °C bis 1100 °C 1100 °C bis 1600 °C	± 1 K ± [1 K + 0,003 · (T − 1100 °C)]

Eine mögliche Ausführung der beschriebenen Komponenten ist beispielhaft in Abb. 10 anhand eines horizontalen Schubstangendilatometers dargestellt.

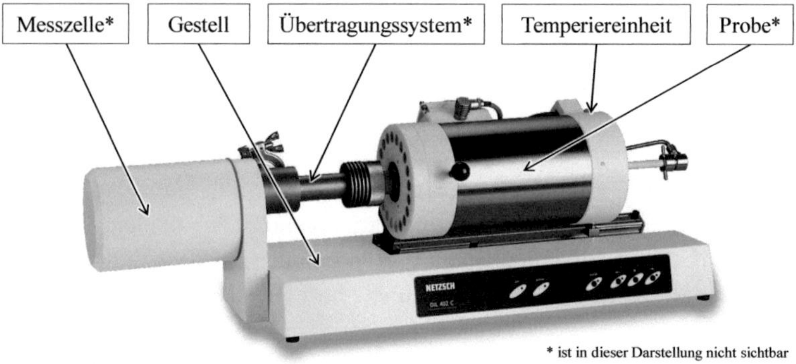

Abb. 10: Mögliche Ausführung eines horizontalen Schubstangendilatometers [Net12]

[15] Nach [DIN60584_2] als Grenzabweichung bezeichnet.

4.2 Normen

Die Bestimmung des thermischen Längenausdehnungskoeffizienten wird in verschiedenen Normen definiert. Vor allem im Bereich der keramischen Werkstoffe sind Normen vom Deutschen Institut für Normung e.V. (DIN) erlassen. Weiterhin sind amerikanische (ASTM) bzw. chinesische (GB/T) Normen verfügbar. Eine detaillierte Auflistung ist im Anhang A1 zu finden.

Die daraus resultierenden Anforderungen an ein Dilatometer werden bei der Entwicklung von Lösungsansätzen für eine kraftgesteuerte Messzelle im Abschnitt 6.2 berücksichtigt.

4.3 Ablauf der Messung

Eine Dilatometermessung kann in die Punkte Messvorbereitung, Definition des Messprogramms, Durchführung der Referenz- und Probenmessung sowie Auswertung gegliedert werden. Die getroffene Unterteilung orientiert sich an den im Anhang A1 gelisteten Normen.
Abb. 11 stellt die grundsätzlich erforderlichen Schritte zur messtechnischen Durchführung einer Dilatometermessung dar und zeigt damit das komplexe Vorgehen zur Ermittlung der thermischen Ausdehnungskoeffizienten.

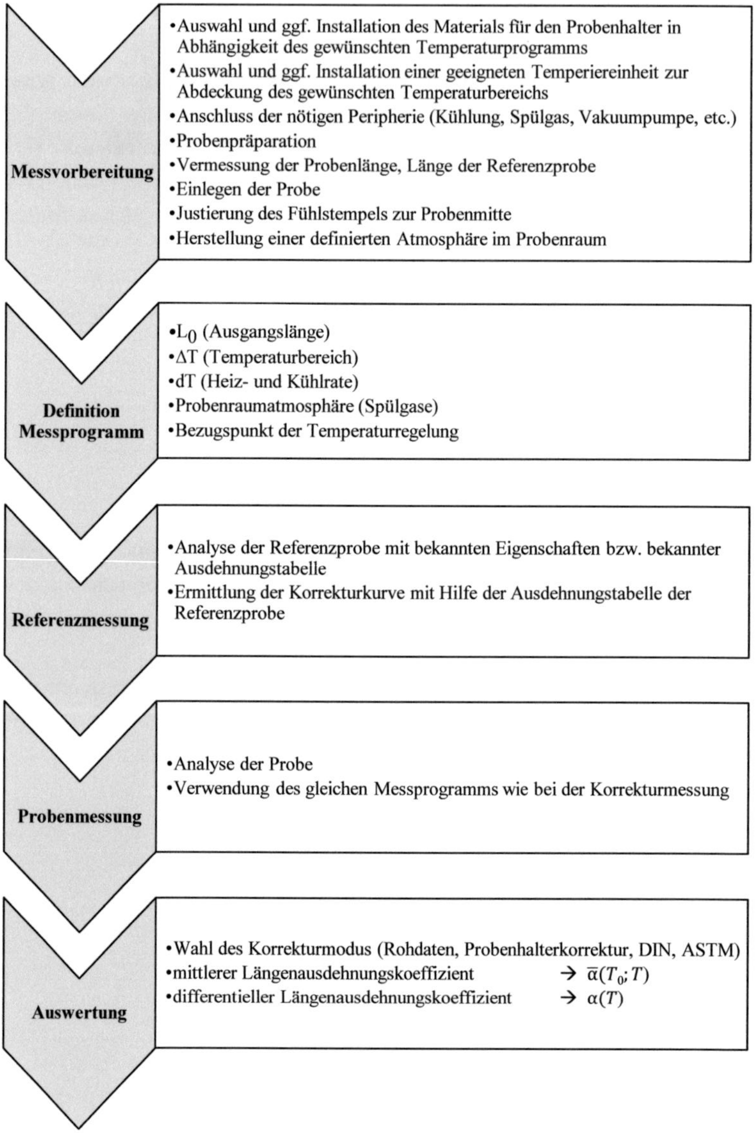

Abb. 11: Ablauf einzelner Schritte zur Durchführung einer Dilatometermessung

- Messvorbereitung

Die Messvorbereitung umfasst alle geräte- und probenbehafteten Maßnahmen zur Herstellung der Messfähigkeit. Hierbei sind die einzelnen Komponenten des Messgeräts entsprechend dem für die Messung nötigen Temperaturbereich anzupassen. Neben der Auswahl und ggf. dem Umbau der Probenhalterung sowie der Temperiereinheit ist ebenfalls die benötigte Peripherie anzuschließen. Außerdem ist vor dem Einlegen der Probe bzw. der Referenzprobe in das Messgerät deren Ausgangslänge zu bestimmen. Dies wird manuell mit Hilfe eines Messschiebers bzw. einer Bügelmessschraube durchgeführt [DIN51045_1], [DIN51909]. Nach dem Einlegen der Probe wird der Fühlstempel bezüglich der Kontaktfläche entsprechend ausgerichtet und nach dem Schließen der Temperiereinheit eine definierte Atmosphäre im Probenraum hergestellt.

- Definition des Messprogramms

Bei der Definition des Messprogramms werden der Messsoftware verschiedene Parameter übergeben. Neben der Eingabe der Ausgangslänge der Probe bzw. Referenzprobe wird das Temperaturprogramm definiert. Hierbei sind die jeweiligen Zieltemperaturen und damit verbundenen Heiz- und Kühlraten sowie der Bezugspunkt der Temperaturregelung anzugeben. Die Definition der Probenraumatmosphäre gehört ebenfalls zum Messprogramm.

- Referenzmessung

Die Durchführung einer Referenzmessung erfolgt optional. In den meisten Normen wird jedoch eine Kalibrierung des Messgeräts mit bekannter Referenzprobe gefordert. Dabei können die Einflüsse des ebenfalls thermisch beeinflussten Probenhalters (Tragrohr, Probenauflage, Anschlag und Fühlstempel) ermittelt werden. Wie in Abschnitt 3.2.4 erläutert, ist die Durchführung der Referenzmessung für eine spätere korrigierte Auswertung einer Probenmessung erforderlich.

- Probenmessung

Bei der Probenmessung wird die Probe unter den im Messprogramm definierten Bedingungen analysiert. Ist eine Referenzmessung vollzogen, wird die Probenmessung mit identischem Messprogramm durchgeführt.

- Auswertung

Die Auswertung der Messdaten erfolgt mit Hilfe einer Analysesoftware. Hierbei können je nach Verfügbarkeit der erforderlichen Messdaten verschiedene Korrekturmodi angewandt und die entsprechenden Umrechnungen durchgeführt werden. Somit kann zu jedem Zeit- bzw. Temperaturpunkt die Längenänderung bestimmt und daraus sowohl der mittlere als auch der differentielle thermische Längenausdehnungskoeffizient berechnet werden. Abschließend wird je nach Normvorgaben ein Prüfbericht angefertigt.

4.4 Berechnung des Längenausdehnungskoeffizienten

Die Berechnung des mittleren[16] und differentiellen Längenausdehnungskoeffizienten erfolgt anhand Tab. 1. Zudem erläutern verschiedene Normen (vgl. Anhang A1) die thermische Beeinflussung der Probenhalterung und definieren dabei ein Vorgehen, wie die thermische Beeinflussung dieser Materialien mit Hilfe von Korrekturtermen bei der Berechnung der Längenänderung berücksichtigt werden kann. Dieses wird im Folgenden anhand von [DIN51045_1] dargestellt.
Die Übertragung des Wärmestroms der Temperiereinheit erfolgt nicht ausschließlich auf die Probe. Durch die verschiedenen thermischen Übertragungsmechanismen werden auch die Komponenten der Probenhalterung, welche in Kontakt zur Probe stehen oder im Bereich der Temperiereinheit angeordnet sind, beeinflusst. In Abhängigkeit vom Material wird daher dessen Geometrie ebenfalls verändert. Das vom Wegmesssystem erfasste Längensignal entspricht somit der Summe der Längenänderungen aller

[16] In verschiedenen Normen auch als durchschnittlicher Längenausdehnungskoeffizient bezeichnet, z. B. [ASTM_E228].

in der Messkette enthaltenen Komponenten in Messachse (vgl. Abb. 12: Probe, Tragrohr mit Anschlag, Fühlstempel).

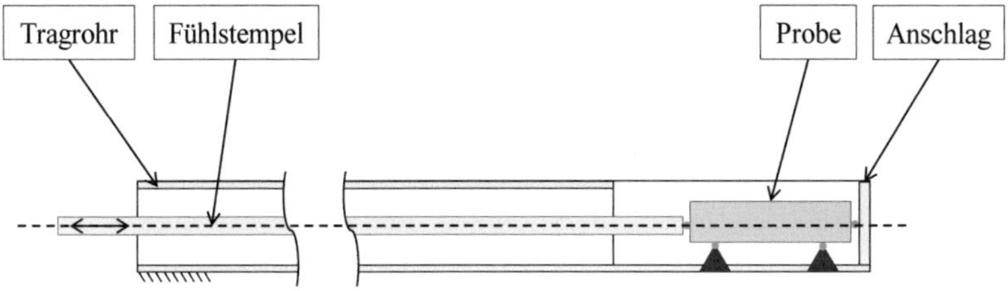

Abb. 12: Thermisch beeinflusste Komponenten in Messachse

Zur Berechnung der tatsächlichen Längenänderung der Probe können die Korrekturmodi Probenhalterkorrektur oder Referenzmessung verwendet werden.

- Probenhalterkorrektur

Die Probenhalterkorrektur gleicht durch einen Korrekturwert die Längenänderung der Probenhalterung aus. Die Korrektur erfasst dabei den Bereich der Probenhalterung, welcher längs der Probe liegt (vgl. Abb. 13).

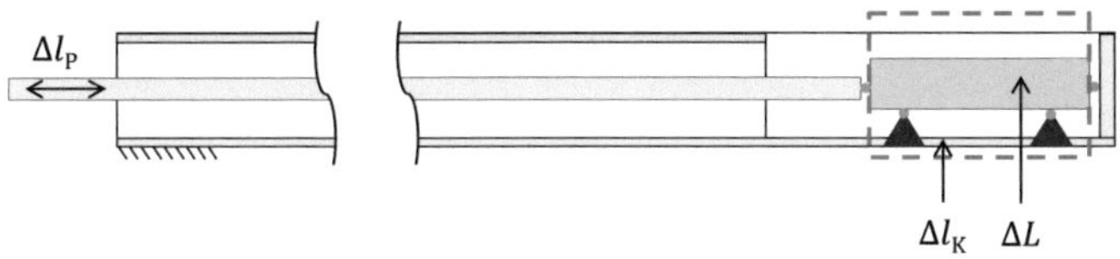

Abb. 13: Wirksamer Bereich (gestrichelt) der Probenhalterkorrektur

Zur Berechnung des Korrekturwerts Δl_K muss der Längenausdehnungskoeffizient α_{Lit} des Probenhaltermaterials bekannt sein. Dieser wird anhand Formel (1) ermittelt:

$$\Delta l_K = L_0 \cdot \alpha_{Lit} \cdot (T - T_0) \quad (1)$$

Die Längenänderung der Probe ΔL bildet sich aus der Summe der vom Wegmesssystem erfassten Längenänderung Δl_P und der Längenänderung des Probenhalters Δl_K:

$$\Delta L = \Delta l_{\mathrm{P}} + \Delta l_{\mathrm{K}} \tag{2}$$

Formel (1) in (2) eingesetzt:

$$\Delta L = \Delta l_{\mathrm{P}} + L_0 \cdot \alpha_{\mathrm{Lit}} \cdot (T - T_0) \tag{3}$$

- Referenzmessung

Bei der Referenzmessung ist es auf Grundlage der bekannten thermischen Längenänderung der Referenzprobe möglich, auf den Einfluss der anderen Komponenten zu schließen. Somit können Messabweichungen aller Komponenten, welche einem inhomogenen Temperaturfeld in der Übergangszone ausgesetzt sind, korrigiert werden. Dieses Vorgehen berücksichtigt auch den Temperatureinfluss der Probe und somit die lokale Ausprägung des Temperaturprofils über der Probe. Durch diese Korrektur werden ebenfalls mögliche Abweichungen der Eigenschaften des Rohmaterials und somit alle unterschiedlichen Längenänderungen der Probenhalterung einbezogen. Die Kenntnis der Längenänderung des Probenhaltermaterials ist nur im Falle abweichender Ausgangslängen der Probe im Vergleich zur Referenzprobe nötig. Die vom Wegmesssystem erfasste Längenänderung der Referenz- und Probenmessung (vgl. Abb. 14: Δl_{R}, Δl_{K}) erfassen jeweils den Einfluss der gesamten Längenänderung des Systems. Durch Differenzbildung werden daher die Fehlereinflüsse eliminiert (vgl. Abb. 14).

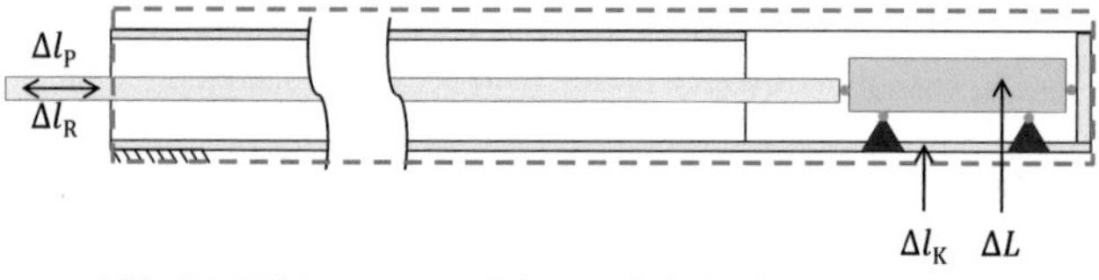

Abb. 14: Wirksamer Bereich (gestrichelt) der Referenzmessung

Die relative Längenänderung der Probe ΔL ergibt sich aus der Referenz- und Probenmessung (Δl_{R}, Δl_{P}) sowie dem bekannten Literaturwert der Referenzprobe (Δl_{Lit}) durch folgende Formel:

$$\Delta L = \Delta l_{\mathrm{P}} - \Delta l_{\mathrm{R}} + \Delta l_{\mathrm{Lit}} \tag{4}$$

Dieser Formelzusammenhang ist bei unterschiedlichen Ausgangslängen von Probe $L_{0,\mathrm{P}}$ und Referenzprobe $L_{0,\mathrm{R}}$ ebenfalls gemäß der Probenhalterkorrektur mit einem Korrekturwert Δl_{K} (vgl. Formel (6)) auszugleichen [DIN51045_1]:

$$\Delta L = \Delta l_{\mathrm{P}} - \Delta l_{\mathrm{R}} + \Delta l_{\mathrm{Lit}} + \Delta l_{\mathrm{K}} \tag{5}$$

$$\Delta l_{\mathrm{K}} = (L_{0,\mathrm{P}} - L_{0,\mathrm{R}}) \cdot \alpha_{\mathrm{Lit}} \cdot (T - T_0) \tag{6}$$

$$\Delta L = \Delta l_{\mathrm{P}} - \Delta l_{\mathrm{R}} + \Delta l_{\mathrm{Lit}} + (L_{0,\mathrm{P}} - L_{0,\mathrm{R}}) \cdot \alpha_{\mathrm{Lit}} \cdot (T - T_0) \tag{7}$$

Die korrigierte Längenänderung ΔL ermöglicht somit die Berechnung der in Tab. 1 aufgeführten Längenausdehnungskoeffizienten.

$$\bar{\alpha}(T_0;T) = \frac{1}{L_0} \cdot \frac{\Delta L}{\Delta T} = \frac{1}{L_0} \cdot \frac{\Delta L(T)}{T - T_0} \tag{8}$$

Formel (7) in (8) eingesetzt:

$$\bar{\alpha}_{\mathrm{P}}(T_0;T) = \frac{\Delta l_{\mathrm{P}}(T) - \Delta l_{\mathrm{R}}(T) + \Delta l_{\mathrm{Lit}}(T) + (L_{0,\mathrm{P}} - L_{0,\mathrm{R}}) \cdot \alpha_{\mathrm{Lit}} \cdot (T - T_0)}{L_{0,\mathrm{P}} \cdot (T - T_0)} \tag{9}$$

Bzw. bei gleichen Ausgangslängen $L_{0,P} = L_{0,R}$:

$$\bar{\alpha}_{\mathrm{P}}(T_0;T) = \frac{\Delta l_{\mathrm{P}}(T) - \Delta l_{\mathrm{R}}(T) + \Delta l_{\mathrm{Lit}}(T)}{L_{0,\mathrm{P}} \cdot (T - T_0)} \tag{10}$$

Die Berechnung des Längenausdehnungskoeffizienten nach Formel (9) bzw. (10) ist von verschiedenen Messsignalen bzw. Literaturwerten abhängig. Die farbliche Unterscheidung sowie die Signalerfassung bzw. Vorgabe von Literaturwerten und deren Messunsicherheit ist wie folgt zuzuordnen:

- Längenmessung (Messzelle, vgl. Abschnitt 4.5.1)
- Längenmessung (manuell)
- Temperaturmessung (Thermoelement, vgl. Tab. 4)
- Ausdehnungstabelle Referenzprobe (Herstellerangaben)
- Längenausdehnungskoeffizient Probenhalterung (Herstellerangaben, vgl. Tab. 3)

4.5 Stand der Technik

4.5.1 Messzelle eines horizontalen Schubstangendilatometers

Bei Schubstangendilatometern wird die Längenänderung der Probe über einen beweglichen Fühlstempel in die Messzelle übertragen. Dieser Fühlstempel wird an eine Wälzführung in der Messzelle über eine Klemmung gekoppelt. Die Position des Fühlstempels wird über ein Wegmesssystem erfasst.
Abb. 15 zeigt das Technische Prinzip der im Markt etablierten Messzellen nach [Net14], [TAI14].

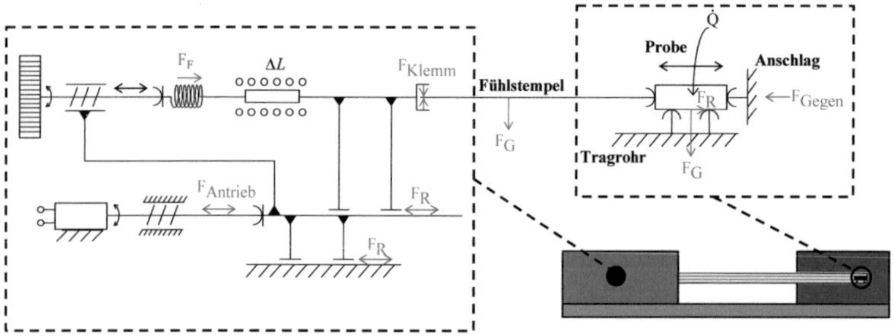

Abb. 15: Technisches Prinzip einer etablierten Dilatometermesszelle

An den Kontaktstellen zwischen Fühlstempel und Probe sowie Anschlag und Probe wirkt eine horizontale Anpresskraft, welche über eine Feder erzeugt wird. Die Anpresskraft kann durch die Vorspannung der Feder vor einer Messung über eine Spindel in einem geringen Bereich (0,15 N – 0,45 N) manuell eingestellt werden[17]. Dieser strukturelle Aufbau in Kombination mit der Federkonstanten führt während des Messvorganges aufgrund der Längenänderung der Probe zu einer Änderung der Feder- und somit Anpresskraft. Eine Erfassung der Anpresskraft ist nicht üblich, wäre aber über die Bestimmung der Federlänge unter Berücksichtigung der Federkonstanten möglich. Zur Anpassung an verschiedene Probenausgangslängen wird die komplette Anordnung motorisch verstellt (vgl. Abb. 15). Die Bewegung wird durch eine Motor-Spindel-Kombination in Verbindung mit einer Wälzführung

[17] Durch den Einsatz und Umbau von Federn mit unterschiedlichen Federkonstanten könnte der Bereich der Anpresskraft variiert werden. Dieses Vorgehen ist aber nicht üblich.

realisiert und ist herkömmlich auf einen Bereich von ca. 35 mm limitiert. Der komplette Messbereich der Probenausgangslängen von bis zu 50 mm kann somit nur unter der Verwendung von zwei unterschiedlich langen Fühlstempeln (z. B. 0 – 25 mm und 25 – 50 mm) genutzt werden. Alternativ wird der Fühlstempel über verschraubte Verlängerungsstücke in dessen Länge verändert. Eine einseitig vorgespannte Feder gewährleistet stetig die Anlage der Gewindeflächen der Gewindespindel. Durch diesen Kraftschluss wird das Spiel der Gewindespindel eliminiert. Eine Erfassung der Ausgangslänge von Probe und Referenzprobe unter vergleichbaren Bedingungen[18] wie bei der Messung der Längenänderung ist mit Messzellen nach Abb. 15 nicht möglich. Die Ausgangslängen müssen daher vom Bediener manuell außerhalb des Dilatometers erfasst werden.

Gemeinsamkeiten und Unterschiede etablierter Messzellen von exemplarisch ausgewählten Herstellern[19] mit einem Aufbau nach Abb. 15 werden in Tab. 5 dargestellt [Net14], [TAI14].

---

[18] Zum Beispiel Anpresskraft.

[19] Hersteller A: Netzsch Gerätebau GmbH [Net14], Hersteller B: TA Instruments [TAI14].

Tab. 5: Vergleich verschiedener Dilatometermesszellen

Hersteller	**A**	**B**
Bild Messgerät	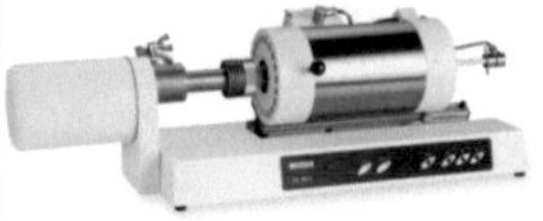	
Messbereich	5 mm	
Wegsensor	LVDT	
Führung des Fühlstempels	Wälzführung mit prismatischem Querschnitt	Wälzführung mit zylindrischem Querschnitt
Anpresskraft	Federvorspannung	
Erfassung Anpresskraft	keine Erfassung der Anpresskraft	
Einstellung der Anpresskraft	manuelle Verstellung der Federvorspannung	
Kraftbereich	0,15 N – 0,45 N	0,02 N - 1 N
Bewegung Messeinheit	Motor-Spindel-Kombination	
Unterschiedliche Ausgangslängen	verschiedene Fühlstempellängen	Verlängerungsstücke für den Fühlstempel
Messung Ausgangslänge	keine Probenlängenerfassung	
Fixierung Messeinheit	keine mechanische Klemmung während der Messung, Federvorspannung	

4.5.2 Messzellen angrenzender Analysemethoden

Die Methoden TMA und DMA sind ebenfalls zur Ermittlung von Längenänderungen geeignet. Die Funktionsweisen dieser Messgeräte sind daher für eine Gesamtübersicht zu betrachten. Aufgrund der vertikalen Ausrichtung der Messachse werden diese Messanordnungen jedoch für die weitere Entwicklung der Lösungsansätze nicht näher berücksichtigt.

- TMA-Messzelle

In der thermomechanischen Analyse wird die Deformation einer Probe unter einer nicht-oszillierenden Kraft als Funktion der Zeit oder Temperatur gemessen. Abb. 16 zeigt den schematischen Aufbau einer derartigen Messzelle[20].

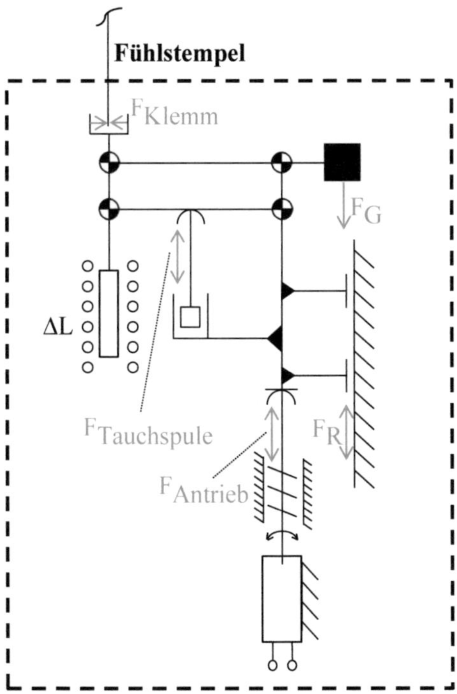

Abb. 16: Technisches Prinzip einer TMA-Messzelle

Die Längenänderung der Probe wird wie im Bereich der Dilatometrie mit einem LVDT erfasst. Durch diese analoge Wegerfassung wird bei einem Messbereich bis 5 mm eine Auflösung im nm-Bereich ermöglicht. Ein Tauchspulenantrieb ermöglicht die feinfühlige Einstellung der für eine

[20] Das Technische Prinzip orientiert sich an [Net141], [TAI141], [Lin142].

thermomechanische Analyse notwendigen Anpresskraft[21]. Durch eine Kalibrierung ist es möglich, über den eingeprägten Strom auf die Anpresskraft zu schließen. Der Stromfluss in der Spule bewirkt eine erhebliche Erwärmung, welche abzuführen ist. Die Beweglichkeit des Fühlstempels wird im Unterschied zur Dilatometrie nicht durch eine Wälzführung, sondern durch eine Parallelkurbel realisiert (vgl. Abb. 16). Die Anordnung eines Gegengewichts ermöglicht die Kompensation der Gewichtskräfte der auf Probenseite montierten Komponenten. Im Unterschied zu einer Wälzführung weist eine durch Kugellager aufgebaute Parallelkurbel zu der gewünschten Linearbewegung prinzipbedingt eine parasitäre Querbewegung und Kippung auf. Diese beeinflussen die Lage des Fühlstempels und führen zu Abweichungen der Längenerfassung, da der Ferritkern des LVDTs nicht koaxial geführt wird. Vergleichbar mit dem Schema einer Dilatometermesszelle wird die Messeinheit über eine Motor-Spindel-Kombination in der Position verstellt. Durch diese vertikale Bewegung können Probenlängen in einem Bereich bis 30 mm ohne den Austausch des Fühlstempels gemessen werden. Eine mechanische Fixierung der Messeinheit während der Messung ist nicht vorgesehen, da durch die Gewichtskraft der Messeinheit ein stetiger Kontakt der Gewindeflächen gewährleistet wird. Der Einsatz eines Fühlstempels in Kombination mit dem Winkelencoder des Motors ermöglicht die mittelbare Erfassung der Ausgangslängen. Hierfür ist die Bestimmung der Endposition des Fühlstempels bei nicht eingelegter Probe gegen den Anschlag als Referenzpunkt nötig.

- DMA-Messzelle

Messzellen im Bereich der dynamisch-mechanischen Analyse erzeugen eine geringe, meist sinusförmige, dynamische Belastung der Probe. Dabei werden die eingeprägte Anpresskraft und der Deformationsweg erfasst. In Abb. 17 ist der schematische Aufbau einer DMA-Messzelle dargestellt[22].

[21] Übliche Anpresskräfte sind in einem Bereich von 1 mN bis zu 3 N [Net141].
[22] In Anlehnung an [Net142], [TAI142].

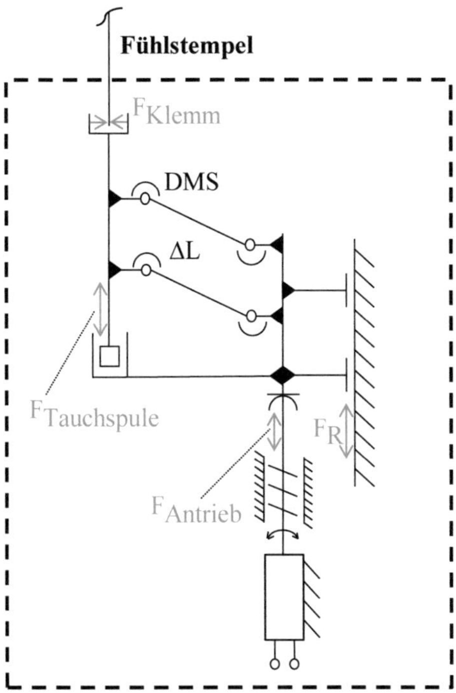

Abb. 17: Technisches Prinzip einer DMA-Messzelle

Die zur Deformation der Probe nötige Anpresskraft[23] wird entsprechend der TMA-Messzelle durch einen Tauchspulenantrieb erzeugt. Während der Messung erfolgt keine Erfassung der Anpresskraft, stattdessen wird der Zusammenhang zwischen eingeprägtem Strom und erzeugter Anpresskraft im Vorfeld durch eine Kalibrierung ermittelt. Die im Vergleich zur DIL und TMA eher geringen Längenänderungen[24] der Probe werden über die Auslenkung eines Parallelkurbelmechanismus ermittelt. Hierbei wird die elastische Deformation der Festkörpergelenke mit Dehnungsmessstreifen (DMS) erfasst. Über eine Kalibrierung kann auf die Längenänderung geschlossen werden. Die

[23] Im Bereich der DMA sind Anpresskräfte bis zu 18 N üblich.

[24] Die sinusförmigen Längenänderungen (Deformation der Probe) im Bereich DMA sind normalerweise kleiner als 0,5 µm.

Anordnung des elastischen Körpers[25] dient gleichzeitig der Führung des Fühlstempels. Alternativ werden ebenfalls zur Realisierung einer nahezu reibungsfreien Bewegung des Fühlstempels vereinzelt auch aerostatische Führungen eingesetzt. Vergleichbar mit dem Schema der bereits beschriebenen Messzellen wird die Messeinheit über eine Motor-Spindel-Kombination in vertikaler Richtung vorab bewegt, um eine Einstellung auf verschiedene Probenlängen bis zu 20 mm zu ermöglichen. Eine mechanische Fixierung der Messeinheit sowie eine Erfassung der Probenausgangslängen sind nicht vorgesehen. Die auftretende Abwärme durch den Tauchspulenantrieb ist wie bei dem Schema der TMA-Messzelle auch in diesem Falle abzuführen. Dies ist vor allem bei hohen Frequenzen und großer Amplitude zu beachten, da die Trägheit der bewegten Komponenten die Antriebskraft und somit die Leistungsaufnahme erhöht.

4.5.3 Patentrecherche

Die Darstellung des Standes der Technik schließt mit einer Patentrecherche ab. Dabei wurde eine Recherche mit Hilfe der Suchsoftware XPAT[26] und der Rechercheplattform DEPATISnet[27] durchgeführt.
Die erhaltenen Treffer auf Basis der in Anhang A2 beschriebenen Suchanfrage wurden auf Grundlage des in Tab. 6 dargestellten Schemas bewertet. Die Einteilung orientiert sich dabei an der Klassifizierung der Kontaktierung der Probe. Die Fokussierung auf die berührenden Schubstangendilatometer wurde hierbei berücksichtigt. Weiterhin wurde die Gültigkeit der Patente zum Zeitpunkt der Recherche bei der Bewertung einbezogen.

---

[25] Zum Beispiel Parallelfederführung mit vorteilhaften Eigenschaften wie Spielfreiheit, praktisch reibungsfreie Funktionsweise sowie einer Wartungs- und Verschleißfreiheit [Kra04].

[26] Weitere Informationen zu XPAT unter www.interhost.de; wird bei [Netz] als Patentdateninformations-system verwendet.

[27] DEPATISnet ist die Datenbank des Deutschen Patent- und Markenamtes für Online-Recherchen; Zugriff über https://depatisnet.dpma.de.

Tab. 6: Bewertungsschema der Patenttreffer

Bewertung der Patente				
Kontaktierung der Probe	nicht berührend		berührend	
Relevanz	0 abgelaufen, nicht relevant	1 aktiv, nicht relevant	2 abgelaufen, relevant	3 aktiv, relevant

Die Ergebnisse der Patentrecherche sind in Tab. 7 zusammenfassend dargestellt. In der Datenbank XPat konnten 275 Treffer ermittelt werden, die Suche im DEPATISnet ergab 218 Treffer. Diese wurden anschließend anhand der in Tab. 6 definierten Relevanz klassifiziert.

Tab. 7: Ergebnis der Patentrecherche, unterteilt nach Datenbank und Relevanz [Netz]

Trefferliste		
Patentdatenbank	XPat	DEPATISnet
Anzahl der Treffer	275	218
Anzahl Patente Relevanz 2	13	7
Anzahl Patente Relevanz 3	4	4

Hierbei konnten nach Eliminierung der gleichen Treffer in beiden Datenbanken 15 Patente mit der Relevanz 2, fünf Patente dagegen mit der Relevanz 3 eingestuft werden. Eine detaillierte Liste dieser eingestuften Patente ist in Anhang A2, Tab. 25 zu finden.

Die wichtigsten Punkte aller relevanten Patente in Bezug auf die Messzelle werden im Folgenden zusammenfassend beschrieben.

Der größte Teil der in den Patenten beschriebenen Dilatometer verwendet analog der vorgestellten Messzellen für DIL und TMA einen LVDT zur Messung der Längenänderung. Im Unterschied dazu nutzt das gültige Patent DE10309284B4 für die Erfassung der Fühlstempelposition ein Interferometer. Hierfür wird der Lichtstrahl in zwei evakuierte, parallele Fühlstempel geleitet und an innerseitig angebrachten Spiegeln reflektiert. Dieser mechanische Aufbau findet aufgrund des zusätzlich für den Referenzstrahl nötigen

Fühlstempels bei der weiteren Bearbeitung keine Betrachtung. Eine Messung der Längenänderung durch ein System aus Biegefedern und Dehnungsmessstreifen orthogonal zur Ausdehnungsrichtung (vgl. Patent DE4211131A1) wird für eine Dilatometermesszelle als nicht praktikabel bewertet.

Patent DE3507999A1 realisiert die Führung der bewegten Messeinheit über paarweise angeordnete Federbleche. Vorteil gegenüber Wälzführungen ist die Reibungsfreiheit. Demgegenüber stehen jedoch wirkende Rückstellkräfte der Federelemente sowie eine geringe maximale Auslenkung.

Die Patentrecherche zeigt, dass neben dem etablierten Einsatz eines LVDTs als Längenmesseinrichtung und einer Wälzführung zur Führung der Messeinheit noch weitere Lösungsprinzipien angewandt werden. Diese sind jedoch in speziellen Ausprägungen von Dilatometern umgesetzt bzw. für den Einsatz in der Messzelle eines Schubstangendilatometers ungeeignet. Der Patentschutz limitiert somit nicht die Entwicklung einer kraftgesteuerten Messzelle für Dilatometeranwendungen.

5 Defizite und abgeleiteter Handlungsbedarf

Die im Stand der Technik beschriebenen Messzellen zur Erfassung der Längenänderung weisen Optimierungspotential auf. Im Folgenden werden technische Defizite bezüglich der Messzelle horizontaler Schubstangendilatometer aufgezeigt und anhand dieser ein Handlungsbedarf abgeleitet. Die Optimierungspotentiale einer Dilatometermesszelle sind in Abb. 18 veranschaulicht.

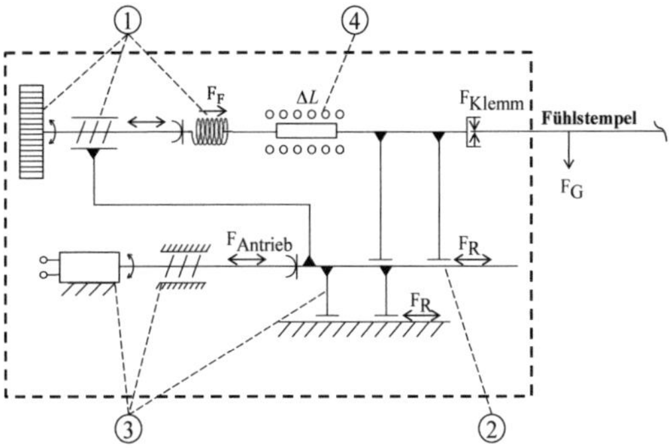

Abb. 18: Optimierungspotentiale ① – ④ einer Dilatometermesszelle

- Anpresskraft (vgl. Abb. 18: ①)

Die Anpresskraft des Fühlstempels, welcher den stetigen Kontakt zur Probe herstellt, wird durch die Vorspannung einer Zug-/Druckfeder realisiert. Diese Anordnung hat zur Folge, dass die Anpresskraft während der Messung verändert wird [Dan73]. Die thermische Längenänderung der Probe verursacht eine veränderte Fühlstempelposition und in Abhängigkeit von der Federkonstanten wird die Anpresskraft beeinflusst. Je nach Ausprägung der Feder ist die Federkennlinie möglicherweise nichtlinear. Die ausschließlich vor einer Messung mögliche manuelle Veränderung der Anpresskraft in einem kleinen Kraftbereich ist ein weiterer Nachteil. Eine Erfassung der Anpresskraft ist nach aktuellem Stand der Technik im Bereich der Dilatometrie ebenfalls nicht üblich. Dies wäre ohne eine konstruktive Überarbeitung der Messzelle nur über die Bestimmung der Federauslenkung bei bekannter Federkonstanten möglich. Weiterhin sind die Anpresskräfte im Allgemeinen zu groß, um z. B. leicht komprimierbare Materialien wie Schäume, Isolationsmaterialien oder Grünkörper zu analysieren. Die Realisierung der Anpresskraft mittels einer Feder erlaubt es nicht, weitere Merkmale wie z. B. viskoelastische Eigenschaften messtechnisch zu erfassen.

- Reibungseinflüsse (vgl. Abb. 18: ②)

Der in Messachse bewegliche Fühlstempel wird üblicherweise durch eine Wälzführung mit prismatischem oder zylindrischem Querschnitt geführt. Die Übertragung der Längenänderung durch den Fühlstempel an das Wegmesssystem der Messzelle kann durch diese Führungskomponente zu Fehlereinflüssen führen [Kra04]. Gleit- und Rollreibung sowie Stick-Slip-Effekte beeinflussen die Messung der thermischen Ausdehnung der Probe und können zu Abweichungen als auch Sprüngen des Längenänderungssignals führen.

- Bereich der Ausgangslänge von Probe bzw. Referenzprobe (vgl. Abb. 18: ③)

Ein weiteres Defizit etablierter Dilatometer ist der nötige Umbau des Fühlstempels zur Ausnutzung des gesamten Bereichs der Probenausgangslängen. Diese manuelle Tätigkeit durch den Bediener ist der limitierten Bewegung aufgrund einer Motor-Spindel-Kombination in Verbindung mit einer Wälzführung geschuldet. Die Verwendung von mehreren Fühlstempeln unterschiedlicher Länge bzw. die Nutzung von Verlängerungsstücken hat neben dem Umbauaufwand den Nachteil, dass die Rohmaterialien abweichen und somit die thermischen Längenänderungen der Probenhalterung ungleich beeinflusst werden können. Weiterhin sind Fehlereinflüsse durch den manuellen Umbau und die zusätzlichen Koppelstellen möglich.

- Erfassung der Längenänderung (vgl. Abb. 18: ④)

Die im Bereich der Dilatometrie zur Erfassung der Längenänderung etablierte Messtechnik des LVDTs hat die Eigenschaft, dass bedingt durch das analoge Messprinzip ein großer Messbereich und eine hohe Auflösung gegensätzliche

Ziele sind. Um eine Auflösung im nm-Bereich zu erreichen, ist mit einer 24-bit AD-Umsetzung ein maximaler Messbereich von 5 mm zu erzielen. Eine Erweiterung des Messbereichs ist ohne Einschränkungen der Auflösung bzw. umgekehrt nicht möglich. Einen weiteren Nachteil stellt die erforderliche Kalibrierung eines induktiven Wegaufnehmers dar, welche bei größeren Messbereichen eine nichtlineare Kennlinie aufweist und in regelmäßigen Abständen überprüft werden sollte [Dan73], [Gor84].

- Erfassung der Ausgangslänge der Probe bzw. Referenzprobe (vgl. Abb. 18: ③ bzw. ④)

Die manuelle Erfassung der Ausgangslänge von Probe bzw. Referenzprobe unter der Nutzung eines Messschiebers bzw. einer Mikrometerschraube bringt Fehlereinflussmöglichkeiten mit sich. Neben der hohen Messunsicherheit dieser Messmittel wird die Ausgangslänge der Probe bzw. Referenzprobe nicht mit der während der Messung verwendeten Anpresskraft des Fühlstempels bestimmt und führt daher zu einer Abweichung der Ausgangslänge. Dieser Effekt wirkt sich besonders bei der Messung weicher Materialien wie z. B. Schäumen aus. Der manuelle Messvorgang mit undefinierten Kräften kann zu einer Stauchung der Probenlänge führen, welche nicht erfasst wird. Weitere Bedienereinflüsse sind Ablesefehler des Längenmesswerts sowie eine thermische Beeinflussung der Probe bei der Handhabung.

Die dargestellten Defizite bezüglich dem strukturellen Aufbau der Messzelle sowie der eingesetzten funktionellen Komponenten führen zu einem daraus ableitbaren Handlungsbedarf. Hierbei ist ebenfalls die unbekannte Anpresskraft auf die Probe zur Messung der Längenänderung als auch der Ausgangslänge zu hinterfragen. Folgende grundsätzliche Ziele werden daher bei der weiteren Entwicklung verfolgt:

- reibungsfreie Bewegung des Fühlstempels
- konstante bzw. definiert beeinflussbare Anpresskräfte
- Erweiterung des Messbereichs und der Auflösung der Längenmessung
- automatische Erfassung der Ausgangslänge
- Erweiterung des Arbeitsbereichs für alle denkbaren Probenausgangslängen

In der Literatur werden bezüglich der Dilatometrie weitere Optimierungspotentiale beschrieben [Gor84]. Beispielsweise sind hier wesentliche Aspekte wie die Positionierung der Probe im Probenhalter oder die Optimierung der Wärmeverluste der Temperiereinheit zur Realisierung eines homogenen Temperaturprofils erwähnt. Sowohl die vorausgegangenen Punkte als auch z. B. Erweiterungen in der Korrekturberechnung zur Minderung weiterer thermischer Einflüsse nach [Hoh11] werden in der vorliegenden Arbeit nicht betrachtet. Der Kernpunkt dieser Arbeit liegt auf der Eliminierung von Defiziten bezüglich der messtechnischen Erfassung der Längenänderung im Bereich der Dilatometrie.

6 Entwicklung einer kraftgesteuerten Dilatometermesszelle

6.1 Einführung

Der in diesem Kapitel zur Anwendung kommende Entwicklungsprozess orientiert sich im Wesentlichen an der Herangehensweise zur Lösungsfindung und Gestaltung nach [Muh07], [Gro05], [Kra00], [Pah05], [VDI2221]. Dieser Lösungsfindungsprozess ist auch im KEP wiederzufinden, welcher aus der Ilmenauer Konstruktionslehre stammt [Kra00].

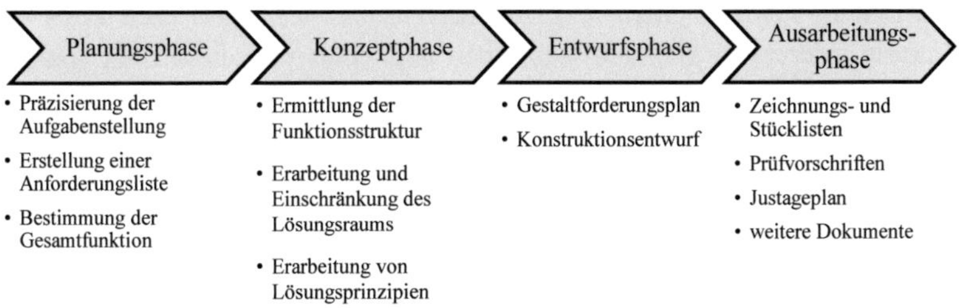

Abb. 19: Phasen und Teilaufgaben des Konstruktionsprozesses in Anlehnung an [VDI2221], [Muh07], [Gro05]

Der Konstruktionsprozess nach Abb. 19 ist in die Planungs-, Konzept-, Entwurfs- und Ausarbeitungsphase gegliedert und dient der systematischen Lösungsfindung bei technischen Problemstellungen.

Der in Kapitel 5 formulierte Handlungsbedarf zur Entwicklung einer neuartigen Messzelle für Dilatometeranwendungen unter Berücksichtigung der definierten Entwicklungsziele stellt eine komplexe Problemstellung dar. Für die Lösungsfindung ist daher die systematische und zielführende Bearbeitung unter Nutzung des in Abb. 19 beschriebenen KEP erforderlich.

6.2 Anforderungen und Gesamtfunktion

Die Forderungen an eine kraftgesteuerte Messzelle zur Erfassung von Längenänderungen ergeben sich durch die Eigenschaften etablierter Messzellen aus dem Stand der Technik sowie dem in Kapitel 5 abgeleiteten Handlungsbedarf. Weiterhin werden wichtige Kennzahlen aus im Anhang A1 gelisteten Normen beachtet. Die daraus resultierenden technischen Anforderungen für eine Dilatometermesszelle sind in Tab. 8 dargestellt. Hierbei werden alle wesentlichen Forderungen berücksichtigt, welche die Vielfältigkeit der funktionellen Ziele und somit die Komplexität der Lösungsfindung aufzeigen.

Die Anforderungsliste enthält Angaben zur Zweckerfüllung, quantifizierbare funktionelle sowie geometrische Eigenschaften. Diese sind nach Fest- und Mindestforderungen als auch Wünschen gegliedert und dienen der späteren Bewertung der Lösungsvarianten [Pah05], [Muh07], [TUI041].

Festforderungen ergeben sich aus den bereits bekannten Eigenschaften aus Kapitel 4 (vgl. Tab. 8). Hierzu zählen beispielsweise die Spezifikation der Erfassung der Längenänderung, Kennzahlen zur Bewegung des Fühlstempels bzw. der Bereich der Probenausgangslängen sowie die Lage des Messsystems. Erweitert wird dieser Bereich durch die Forderung nach einer konstanten Anpresskraft. Daraus ergeben sich ebenfalls die Mindestanforderungen des Einstellbereichs der Anpresskraft sowie deren Erfassung. Weiterhin wird die Erweiterung des bestehenden Funktionsumfangs um die automatische Erfassung der Probenausgangslängen berücksichtigt. Geometrische Angaben sowie Forderungen zur Anordnung der Messzelle sind ebenfalls enthalten.

Tab. 8: Technische Anforderungen an eine Dilatometermesszelle

	Forderung	**Spezifikation**
Festforderungen	Erfassung der Längenänderung	• Messbereich 10% der Ausgangslänge, jedoch minimal 5 mm • Auflösung 0,1% des Messbereichs, jedoch besser als 1,25 nm • Messunsicherheit 0,5% des Messbereichs, jedoch besser als 2,5 µm • maximale Änderungsrate 0,3 mm/s
	Bewegung des Fühlstempels	• Verfahrweg minimal 35 mm • Verfahrgeschwindigkeit minimal 3 mm/s
	Probenausgangslängen	bis 50 mm
	Anpresskraft	konstante Größe während der Messung, Toleranz ± 5 mN
	Lage des Messsystems	horizontal
	Atmosphäre	Funktionsfähigkeit unter Vakuum bis 10^{-5} mbar und Inertgase
Mindestforderungen	Einstellbereich der Anpresskraft	0,1 N bis 1 N
	Erfassung der Anpresskraft	• Messbereich entsprechend dem Einstellbereich • Auflösung besser als 1 mN • Messunsicherheit besser 10 mN
	Erfassung der Ausgangslänge	• Messbereich entsprechend der Probenlänge • Auflösung besser als 1 µm
	Abmessungen	• Länge max. 300 mm • Breite max. 20 mm (möglichst gering) • Höhe max. 100 mm
	Anordnung des Messsystems	Anordnung und Montage mehrerer Messzellen nebeneinander
Wünsche	Montage des Fühlstempels	einfache Montage, evtl. werkzeugfrei
	Montage der Probenhalterung	einfache Montage, definierte Ausrichtung der Rotation
	Bewegung des Fühlstempels	Verfahrweg der Messzelle größer als maximale Probenausgangslänge, sodass kein Fühlstempelwechsel notwendig ist
	Führung des Fühlstempels	• möglichst geringe oder keine Beeinflussung der Anpresskraft durch Reibungseffekte • möglichst gerade Bewegung in Messachse
	Justierung des Fühlstempels	1. mögliche Selbstjustierung 2. Einstellmöglichkeit des Fühlstempels mit Justierschrauben
	Veränderung der Anpresskraft	• Maximalamplitude 3 N (±1,5 N) • Maximalfrequenz 1 Hz
	Auswahl funktioneller Komponenten	1. frei kommerziell verfügbar 2. Entwicklung eigener Funktionsprinzipien

Die in Tab. 8 gelisteten Wünsche berücksichtigen die Eliminierung bzw. Vereinfachung des Fühlstempelwechsels zur Abdeckung des gesamten Messbereichs der Probenausgangslängen. In diesem Zusammenhang wird auch die Erweiterung der Fühlstempelbewegung aufgenommen sowie deren zu optimierende Führung. Die als Wunsch berücksichtigte gesteuerte Veränderung der Anpresskraft hat das Ziel weitere Kennwerte bzw. weiteres Materialverhalten zu ermitteln. Dadurch könnte die Anwendungsbreite eines klassischen Dilatometers um die Bestimmung von Elastizitäts-, Speicher-, Verlustmodul, Verlustwinkel und Kriecheffekten erweitert werden.

Die Gesamtfunktion eines Dilatometers ist die Untersuchung der Längenänderung einer Probe als Funktion der Temperatur (vgl. Abb. 20). Hierbei wird nach [Kra00] in Stoff-, Energie- und Informationsfluss unterschieden.

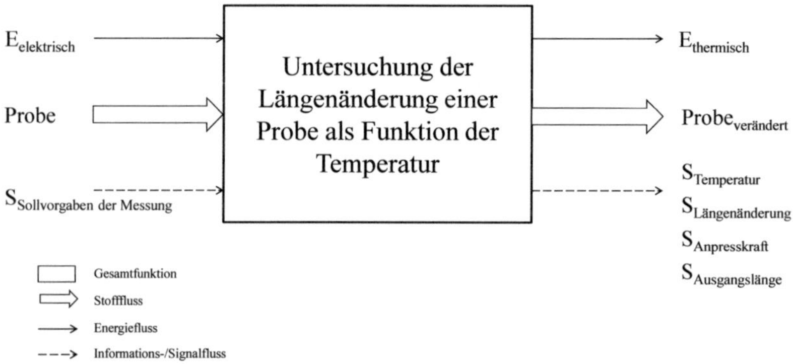

Abb. 20: Gesamtfunktion eines Dilatometers

Eingangsgrößen sind die durch einen Bediener definierten Sollvorgaben der Temperaturänderung, die bereitgestellte Probe und elektrische Energie zur Erzeugung der Anpresskraft sowie der gewünschten Temperaturänderung. Als Ausgangsgrößen der Messung werden Kenngrößen wie die Ausgangslänge und Längenänderung der Probe sowie die Anpresskraft des Fühlstempels und die Temperatur erfasst. Die Probe wird durch die thermische Beeinflussung verändert und die bereitgestellte Energie in Wärme umgewandelt. Bei Dilatometern handelt es sich somit um technische Systeme, deren Hauptfluss der Signalumsatz ist. Dilatometer werden daher als Gerät bezeichnet [Pah05], [Ste05].

6.3 Funktionsstruktur

Die Ausarbeitung der Funktionsstruktur ist die erste Teilaufgabe der Konzeptphase des Konstruktionsprozesses nach Abb. 19 und dient als Grundlage für die Erarbeitung des Lösungsraums. Die Funktionsstruktur grenzt dabei die Eingangs- und Ausgangsgrößen durch die Systemgrenze von der Umgebung ab und stellt alle zur Funktionserfüllung erforderlichen Stoff-, Energie- und Informationsflüsse dar [Pah05], [Ste05], [Kra00], [Spe83]. Hierbei ist eine Unterteilung in Hauptfunktionen und Nebenfunktionen zweckmäßig.
Für die Entwicklung einer kraftgesteuerten Messzelle für Dilatometer bestehen funktionelle sowie messtechnische Randbedingungen. Daher erweist es sich als vorteilhaft, die kraftgesteuerte Messzelle in ein bestehendes Dilatometer, dessen Signalverarbeitung und Messabläufe bereits definiert sind, zu integrieren und auf die Entwicklung einer eigenen Peripherie zu verzichten.

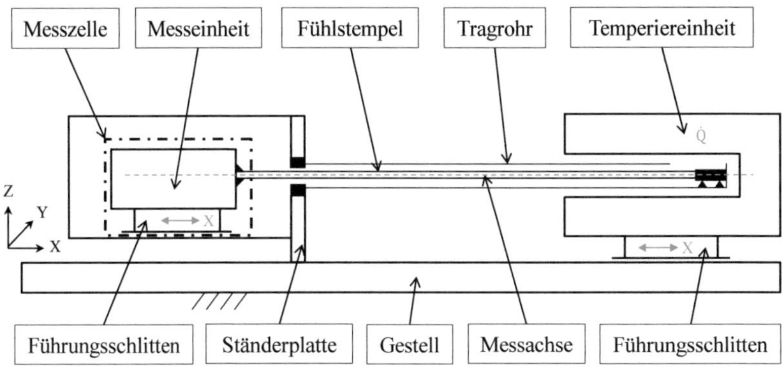

Abb. 21: Typische geometrische Anordnung der Baugruppen eines horizontalen Schubstangendilatometers

Die in Abb. 20 dargestellte Gesamtfunktion eines Dilatometers kann in verschiedene Teilfunktionen, welche untereinander gekoppelt sind, untergliedert werden. Bei der vorliegenden Gesamtfunktion sind der Energie- und Signalfluss etwa gleichberechtigt für die Lösungssuche anzusehen, während der Stofffluss, d. h. das Einlegen, Verändern und Auswechseln der Probe, eine untergeordnete Rolle spielt. Im Lösungskonzept ist die nach Tab. 8 zusätzlich geforderte Funktion der Krafterfassung und deren aktive Beeinflussung zu integrieren, ohne die Gesamtfunktion eines Dilatometers zu beeinflussen. Eine derartige detaillierte Funktionsstruktur mit den Verknüpfungen der Teilfunktionen ist in Abb. 22 als Blockschema dargestellt. Nachfolgend wird eine Aufschlüsselung der Funktionsstruktur in Informations-, Energie- und Stoffflüsse mit Fokus auf die in Abb. 22 dargestellten Hauptfunktionen vorgenommen.

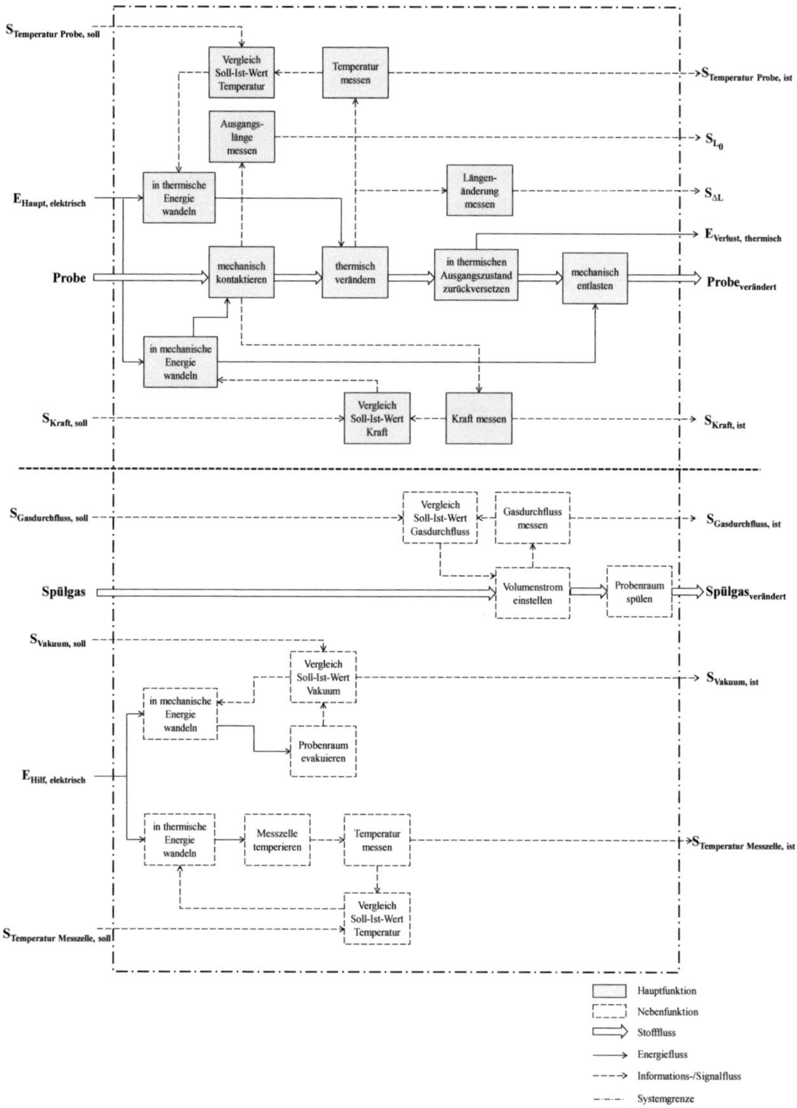

Abb. 22: Funktionsstruktur zur Integration einer kraftgesteuerten Messzelle in ein Dilatometer [Netz]

- Informationsfluss

Die bestehende Funktionsstruktur erfüllt die grundlegenden Anforderungen der Signalverarbeitung zur Beeinflussung und Messung thermischer Längenänderungen einer Probe. Für jeden durch den Bediener im Messprogramm definierten Sollwert ist jeweils ein Regelkreis erforderlich. Innerhalb des Informationsflusses werden die Sollwerte für Temperatur und Anpresskraft erzeugt. Weiterhin werden die zugehörigen Istwerte erfasst, weiterverarbeitet und ausgegeben. Anhand eines Soll-Ist-Vergleichs wird die entsprechende Stellgröße weitergegeben. Zusätzlich zu der in der Dilatometrie üblichen Verarbeitung des Längenänderungssignals, ist die Signalerfassung der Probenausgangslänge in der Funktionsstruktur in Abb. 22 berücksichtigt.
Die Messzelle enthält keine eigene Steuerelektronik und ist somit an den Informationsfluss der Peripherie gekoppelt. Ein Großteil der in der Funktionsstruktur dargestellten Informationsflüsse ist daher den elektronischen Baugruppen im Gestell zuzuordnen. Erforderliche Erweiterungen an der Messelektronik sind entsprechend der Funktionsstruktur vorzusehen.
Auf bereits bestehende Nebenfunktionen wie beispielsweise die Messung und Regelung der Messzellentemperatur zur thermischen Entkopplung wird nicht weiter eingegangen.

- Energiefluss

Die in Abb. 21 dargestellte Bewegung des Fühlstempels in x-Richtung und der Wärmefluss $\dot{Q}$ der Temperiereinheit erfordern die Bereitstellung elektrischer Energie. Diese wird durch einen Aktuator oder ein Heizelement in mechanische bzw. thermische Energie gewandelt. Die thermische Veränderung der Probe kann dabei entweder durch eine Erwärmung oder durch eine Abkühlung der Temperiereinheit erfolgen. Aus Gründen der Übersichtlichkeit wird in der Funktionsstruktur in Abb. 22 nur die Erwärmung der Probe betrachtet, bei welcher elektrische Energie in thermische Energie gewandelt wird.
Die thermische Energie der Probe wird nach der Messung durch die thermische Rückführung und Auswechslung der Probe an die Umgebung abgegeben. Die Erläuterung der Energieflüsse der Nebenfunktionen, welche auf die bereits

bekannte Gerätestruktur zurückgreifen, soll nicht Gegenstand dieser Arbeit sein. Weitere Energieflüsse, welche in Abhängigkeit von dem späteren Lösungsansatz vorzusehen sind, wurden nicht dargestellt. Dies würde eine frühzeitige Festlegung der Art des Energieflusses bedeuten und somit durch eine vorzeitige Einschränkung des Wirkprinzips den Lösungsraum vor dessen Erarbeitung determinieren.

- Stofffluss

Ein Dilatometer erfordert für die Funktionserfüllung der Hauptfunktionen neben der Bereitstellung der zu vermessenden Probe bzw. Referenzprobe keine separaten Stoffflüsse. Die Probe wird in das Messgerät eingelegt, während der Messung thermisch verändert und nach Rückführung auf Raumtemperatur wieder entnommen. Während des Messvorganges kann die Probe z. B. durch Schmelzvorgänge, Ausgasungen bzw. Reaktionen mit Materialien der Probenhalterung verändert werden. Der Stofffluss spielt eine untergeordnete Rolle und ist für die weitere Entwicklung einer kraftgesteuerten Messzelle zu vernachlässigen.
Um die in Abschnitt 3.1 definierte Atmosphäre zu gewährleisten, kann als Nebenfunktion im Probenraum ein Spülgas zugeführt werden, welches anschließend thermisch verändert als auch eventuell kontaminiert[28] abgeführt wird. Diese Nebenfunktion sowie die nötigen Informationsflüsse sind ebenfalls in der vorhandenen Funktionsstruktur vorgesehen.

6.4 Lösungsfindung zur geometrischen Strukturierung

Dieser Abschnitt dient der Erarbeitung von Lösungsansätzen zur Realisierung einer kraftgesteuerten Dilatometermesszelle. Ziel ist dabei eine ganzheitliche und systematische Erfassung des Lösungsraums.
Im ersten Schritt werden die zur Erfüllung der Gesamtaufgabe erforderlichen Funktionselemente sowie deren strukturelle Anordnung schrittweise konkretisiert. Durch Bewertung und Diskussion der Teillösungen wird systematisch eine Einschränkung des Lösungsraums vorgenommen.

---

[28] Zum Beispiel durch Abdampfung oder Ausgasung der Probe.

In Abb. 23 werden die notwendigen Funktionselemente zur Realisierung einer kraftgesteuerten Dilatometermesszelle dargestellt. Die abgebildete Zuordnung der Funktionen und die in Abschnitt 6.3 beschriebene Funktionsstruktur dienen als Grundlage zur ganzheitlichen Erfassung des Lösungsraums.

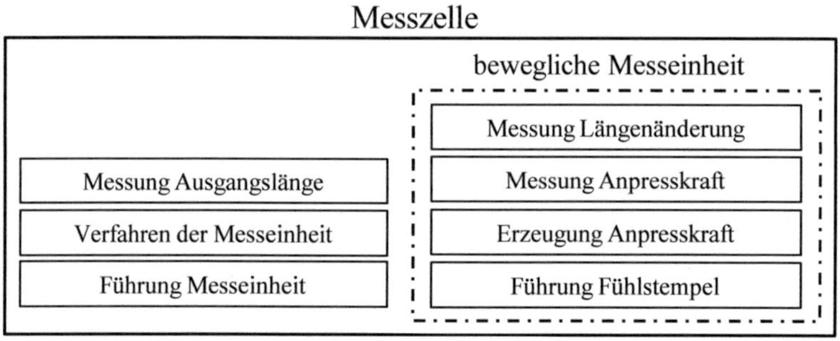

Abb. 23: Funktionselemente einer kraftgesteuerten Dilatometermesszelle

Die bewegliche Messeinheit (vgl. Abb. 23, Umrandung) stellt eine wesentliche Funktionsgruppe dar, in welcher die Funktionen Führung des Fühlstempels, Messung und Erzeugung der Anpresskraft sowie die Erfassung der Längenänderung zusammengefasst sind. Eine Bewegung dieser Messeinheit in x-Richtung wird zum Ausgleich verschiedener Ausgangslängen der Proben und Referenzproben gefordert. Zusätzlich sind Funktionselemente zur Führung und dem Verfahren der Messeinheit sowie ein Wegmesssystem zur Erfassung der Probenausgangslänge erforderlich.

- Anordnung der Funktionselemente

Im Folgenden werden Lösungsansätze zur strukturellen Anordnung der in Abb. 23 dargestellten Funktionselemente erarbeitet. Im ersten Schritt wird die serielle bzw. parallele Anordnung der Funktionselemente der beweglichen Messeinheit betrachtet und bewertet. Ziel ist es vorrangig, die vom Fühlstempel übertragene Längenänderung und die auf die Probe ausgeübte Anpresskraft zu ermitteln. Diese Kombination an Funktionselementen lässt eine parallele als auch serielle Anordnung zu, welche in Abb. 24 veranschaulicht werden.

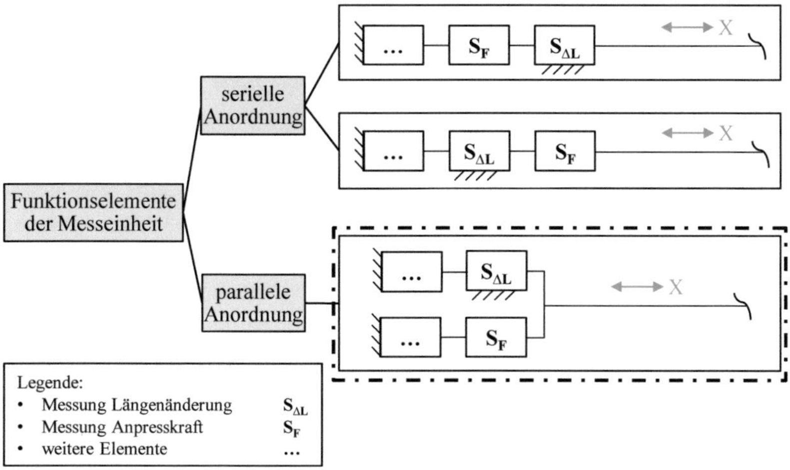

Abb. 24: Kombinationsmöglichkeiten der strukturellen Anordnung einzelner Funktionselemente

Bei der seriellen Anordnung (vgl. Abb. 24) gibt es die Möglichkeit, erst die vom Fühlstempel übertragene Längenänderung und anschließend die Anpresskraft zu erfassen. Je nach Wirkprinzip des Wegsensors besteht hier jedoch der Nachteil, dass Reibungskräfte zwischen den beweglichen und gestellfesten Komponenten des Wegsensors während der Längenänderung die erfasste Anpresskraft beeinflussen und somit zu einem Messfehler führen. Eine getauschte serielle Anordnung greift zuerst die Anpresskraft des Fühlstempels ab und erfasst danach die Längenänderung. Diese Anordnung ermöglicht die unbeeinflusste Erfassung der Anpresskraft. Da das Wirkprinzip üblicher Kraftsensoren auf die Verformung eines Körpers zurückgreift, wird die nachgelagerte Längenmessung um den Deformationsweg verändert. Dieser meist lineare Zusammenhang zwischen Deformation und Kraft könnte mit Hilfe einer Kalibrierung ermittelt und die entsprechende Längenänderung in Abhängigkeit von der Anpresskraft korrigiert werden. Da die Gesamtfunktion eines Dilatometers die Ermittlung der Längenänderung einer thermisch beeinflussten Probe ist, wird diese Anordnung mit einer korrigierten Längenänderung nicht präferiert und erfährt daher im weiteren Verlauf der Arbeit keine weitere Betrachtung.

Die parallele Anordnung nach Abb. 24 hat den Vorteil, dass die direkt vom Fühlstempel übertragene Längenänderung und die Anpresskraft erfasst werden. Diese parallele Anordnung setzt eine entsprechende Steifigkeit des Systems voraus, da die übertragenen Kräfte nicht zentrisch in der Messachse wirken. Weiterhin ist die Nachführung des Verformungskörpers der Kraftmessung in Abhängigkeit von der Längenänderung eine zwingende Voraussetzung. Anderenfalls wäre der Messbereich der Längenänderung durch die Deformation des Kraftsensors limitiert. Eine unbeeinflusste Krafterfassung setzt bei dieser Anordnung ein reibungsfreies Wirkprinzip der Längenmessung voraus. Diese parallele Anordnung der Funktionselemente wird bevorzugt, da diese die Erfüllung aller Anforderungen verspricht und die beschriebenen wechselseitigen Einflüsse bei der weiteren Ausarbeitung berücksichtigt werden können (vgl. Abb. 24, Umrandung).

Der Lösungsansatz einer parallelen Anordnung der Erfassung der Längenänderung und Anpresskraft ermöglicht im nächsten Schritt eine Detaillierung hinsichtlich der restlichen Funktionselemente der Messeinheit. Die Anordnung der Funktionselemente zur Erzeugung der Anpresskraft sowie die nötige Führung des Fühlstempels ist unter Berücksichtigung sinnvoller Kombinationen in Abb. 25 veranschaulicht. Hierbei kann die Führung des Fühlstempels sowohl nachgelagert an die Erfassung der Längenänderung als auch der Anpresskraft angeordnet werden. Auf eine Kombination der Anordnung des Funktionselements Krafterzeugung wird verzichtet. Der unabhängig vom Wirkprinzip eingesetzte Aktuator inklusive einer geeigneten Kopplung ist strukturell in serieller Anordnung hinter der Krafterfassung der Anpresskraft anzusiedeln. Neben der direkten gestellfesten Verbindung der unbewegten Aktuatorkomponenten wird durch eine derartige Anordnung ein Kraftregelkreis ermöglicht, welcher geringe Auswirkungen von Störgrößen verspricht.

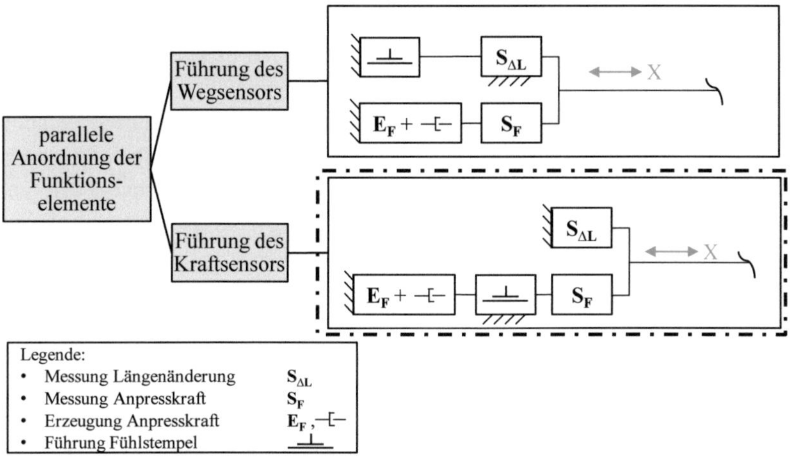

Abb. 25: Kombinationsmöglichkeiten der strukturellen Anordnung weiterer Funktionselemente

Die Anordnung der Führungskomponente nach dem Wegsensor stellt eine geringe Abweichung der Leitgeraden von den bewegten Komponenten des Wegsensors sicher. Je nach Wirkprinzip der Führungskomponente treten in unterschiedlicher Ausprägung Reibungskräfte auf. Diese beeinflussen direkt die im parallelen Strang gemessene Anpresskraft und stellen daher einen wesentlichen Nachteil dar. Bei der Anordnung der Führungskomponente nach der Messung der Anpresskraft treten diese Reibungskräfte ebenfalls auf. Da die vom Fühlstempel übertragene Anpresskraft jedoch vorher erfasst wird, wirken Reibungseffekte ausschließlich im Kraftregelkreis als Störgröße und können somit ausgeregelt werden. Die Wirkrichtung des Fühlstempels und daher auch der bewegten Komponenten des Wegsensors wird bei dieser Struktur vom Kraftsensor beeinflusst. Eine Abweichung wird durch die Deformation des Kraftsensors hervorgerufen und ist maßgeblich von dessen Wirkprinzip sowie den geometrischen Eigenschaften abhängig.

Für den weiteren Entwicklungsverlauf bietet sich die Ausgestaltung der Messeinheit mit paralleler Anordnung der Funktionselemente und Führung des Kraftsensors aufgrund der aufgeführten Vorteile gegenüber den erstgenannten Lösungsansätzen an (vgl. Abb. 25). Die beschriebenen Fehlereinflüsse sind bei der Auswahl der Lösungsprinzipien zu berücksichtigen und durch die Wahl geeigneter funktioneller Komponenten zu eliminieren bzw. reduzieren.

Auf Basis der definierten Anordnung der Funktionselemente der Messeinheit kann eine vollständige Struktur einer kraftgesteuerten Messzelle zur weiteren Erarbeitung des Lösungsraums erstellt werden. Abb. 26 beinhaltet alle zur Realisierung einer kraftgesteuerten Dilatometermesszelle notwendigen funktionellen Komponenten.

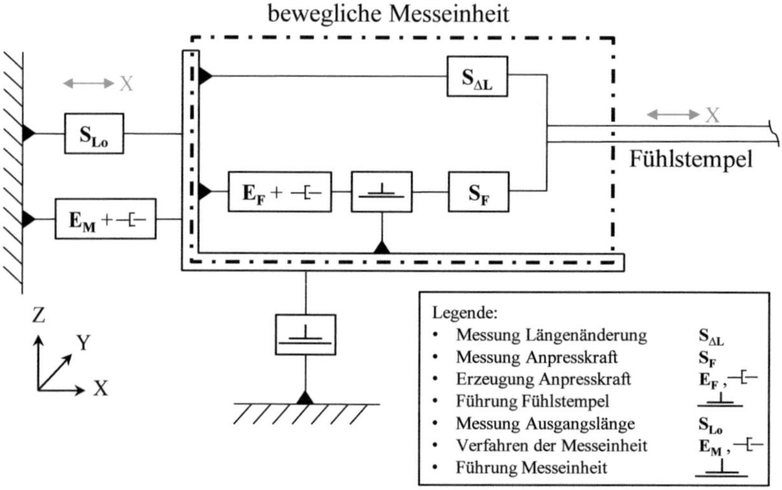

Abb. 26: Strukturelle Anordnung aller Funktionselemente einer kraftgesteuerten Dilatometermesszelle

Die restlichen Funktionselemente zum Verfahren der Messeinheit (vgl. Abb. 23) wurden entsprechend parallel angeordnet. Dies betrifft einen Wegsensor zur Messung der Ausgangslänge, einen Aktuator samt einer zugehörigen Kopplung zum Verfahren der Messeinheit sowie deren Führung (vgl. Abb. 26). Weitere theoretisch mögliche Kombinationen der parallelen Anordnung wurden als nicht zielführend erkannt und werden daher nicht weiter verfolgt. Der weitere Entwicklungsverlauf sowie die Erarbeitung bzw. Einschränkung des Lösungsraums bauen daher auf einer strukturellen Anordnung der Funktionselemente nach Abb. 26 auf.

- Strukturierung der Funktionselemente

Die erarbeitete strukturelle Anordnung der Funktionselemente erlaubt eine weitere Detaillierung. Ziel ist es, eine nötige strukturelle Trennung bzw. mögliche Integration der Funktionselemente zu ermitteln. Werden für einzelne Funktionselemente im späteren Verlauf der Entwicklung Wirkprinzipien erarbeitet, so gilt es alle Anforderungen der einzelnen Funktionselemente dabei zu berücksichtigen. Der aus Konzeptsicht einfachste Ansatz besteht somit in der Strukturtrennung (vgl. Abb. 27).

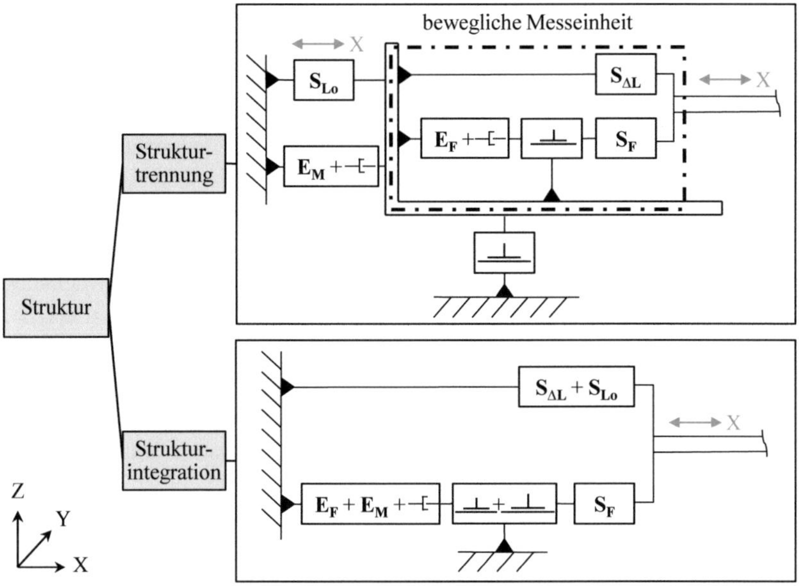

Abb. 27: Strukturtrennung bzw. -integration der Funktionselemente einer kraftgesteuerten Dilatometermesszelle (Legende nach Abb. 26)

Der Lösungsansatz der Strukturtrennung ermöglicht eine Optimierung der Werkstoffausnutzung und Dimensionierung der Wirkprinzipien für die Erfüllung der einzelnen Funktionen. Da ausschließlich die Anforderungen einzelner Funktionselemente erfüllt werden, ist die Erarbeitung und Auswahl der Wirkprinzipien direkt ohne gegenseitige Beeinflussung mit anderen Funktionen realisierbar [Kra00]. Daher wird bei diesem Lösungsansatz beispielsweise die Längenänderung der Probe und deren Ausgangslänge mit zwei unabhängigen Wegmesssystemen erfasst. Die strukturelle Trennung bietet die Möglichkeit, die Auswahl der Sensorik auf die abweichenden Anforderungen an Messbereich, Auflösung und Genauigkeit abzustimmen (vgl. Abb. 27).

Der Lösungsansatz einer Integration verschiedener Funktionselemente verspricht im Vergleich zur Strukturtrennung eine Reihe signifikanter Vorteile. Durch Strukturintegration besteht die Möglichkeit, einzelne Funktionselemente zu eliminieren, sobald deren Funktion durch das Wirkprinzip einer anderen Teillösung übernommen und somit integriert erfüllt wird. Die Strukturierung und Zusammenfassung gleichartiger Teilfunktionen resultiert in einem Wegfall nahezu der Hälfte der Komponenten (vgl. Abb. 27). Die mechanische Komplexität der gesamten Messzelle wird damit deutlich reduziert. Die Teilfunktionen zur Messung der Längenänderung und Ausgangslänge der Probe werden durch ein geeignetes Wegmesssystem ausgeführt. Die jeweiligen Führungsfunktionen als auch die Erzeugung der Anpresskraft und das Verfahren der Messeinheit werden ebenfalls zusammengefasst. Die zugehörigen Funktionselemente der beweglichen Messeinheit werden daher alle in bestehende Funktionselemente integriert. Bei der Strukturintegration kann dadurch ein Wegfall dieser kompletten zweiten Struktur erreicht werden. Die spielfreie Kopplung der beweglichen Messeinheit entfällt ebenfalls, da dies im Rahmen des Kraftregelkreises als Störgröße abgedeckt bzw. je nach Wirkprinzip des Aktuators eliminiert wird. Dieser Lösungsansatz unterstützt weiterhin das Ziel einer kompakten Abmessung der Messzelle und es kann eine Reduzierung der Anzahl der Koppelstellen erreicht werden.

Eine detaillierte Gegenüberstellung beider Lösungsansätze zeigt Tab. 9 anhand verschiedener Bewertungskriterien. Diese werden aus den Anforderungen, Wünschen (vgl. Abschnitt 6.2) und allgemeinen technischen Eigenschaften gebildet [Pah05], [VDI2225].

Tab. 9: Bewertung einer getrennten und integrierten Struktur

Lösungsansatz / Kriterium	Strukturtrennung	Strukturintegration
abgestimmte Funktionserfüllung	+ +	–
Anzahl funktioneller Komponenten (gering = + +)	– –	+ +
Konstruktiver Aufwand (gering = + +)	o	+
Fertigungs- und Montageaufwand (gering = + +)	–	+
Miniaturisierbarkeit	–	+

+ + sehr gut   + gut   o befriedigend   – ausreichend   – – ungenügend

Die Diskussion beider Lösungsansätze nach Abb. 27 sowie deren Gegenüberstellung in Tab. 9 zeigt, dass der Ansatz der Strukturintegration für die weitere Erarbeitung von Lösungsprinzipien zu bevorzugen ist.

6.5 Lösungsprinzipien

Der präferierte Lösungsansatz der kraftgesteuerten Messzelle sieht die Integration verschiedener Teilfunktionen vor (vgl. Abschnitt 6.4). Dies soll in den nächsten Abschnitten bei der Erarbeitung und Bewertung der Lösungsprinzipien für die Funktionselemente Wegmessung, Kraftmessung, Krafterzeugung und Verfahren der Messeinheit sowie Führung berücksichtigt werden. Zur Systematisierung der prinzipiellen Teillösungen wird ein Lösungsfeld mit verschiedenen Lösungsprinzipien erarbeitet. Eine anschließende direkte Gegenüberstellung, Diskussion und Bewertung dient zur sukzessiven Eingrenzung des Lösungsraums[29].

[29] Literatur nach [Pah05], [Lin05], [TUC091], [Kra04], [TUI041] beschreibt die Systematisierung der ermittelten Teillösungen zu den zugehörigen Teilfunktionen in einem morphologischen Kasten. Durch die sinnvolle Kombination der einzelnen Teillösungen werden verschiedene Gesamtprinzipien erstellt. Nachteil dieser Methode ist jedoch, dass große Lösungsmengen entstehen, deren Kombination oft zu technisch unverträglichen oder sinnlosen Komplexionen führt.

6.5.1 Wegmessung

Für den erarbeiteten Lösungsraum werden im Folgenden Lösungsprinzipien zur Erfassung der Längenänderung sowie Ausgangslänge der Probe erarbeitet. Hierbei ist auf die Auswahl eines reibungsfreien Wegmesssystems bedingt durch die strukturelle Anordnung der Funktionselemente und auf die Erfüllung der Anforderungen zu achten. Eine Auswahl an Messprinzipien nach [Kra00], [Her93], [Dür93], [Wib12] bzw. [TUC09] zur Erfassung der Längenänderung und Ausgangslänge der Probe bietet Tab. 10. Die für einen kompletten Wegsensor erforderliche Signalverarbeitung sowie -umsetzung soll keinen Inhalt darstellen.

Tab. 10: Lösungsprinzipien zur Erfassung der Längenänderung und Ausgangslänge nach [Her93], [Kra00]

Messprinzip	**beeinflusste physikalische Größe**	**Prinzipdarstellung (beispielhaft)**
induktiv	magnetische Induktion	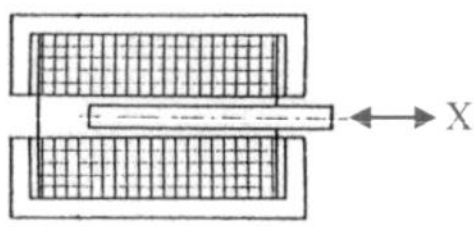
kapazitiv	elektrische Kapazität	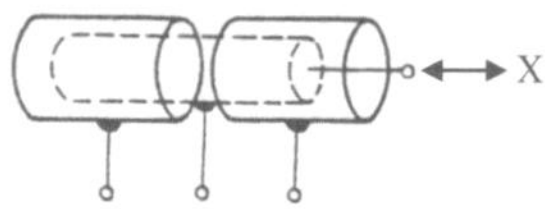
optisch-inkremental	Intensität des Lichts	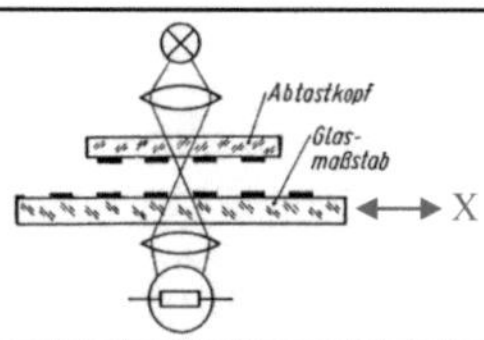
optisch-interferometrisch	Phasenlage des Lichts	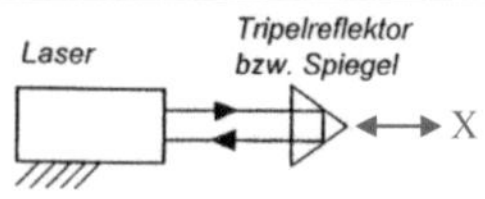

- Induktives Messprinzip

Das Prinzip der induktiven Sensoren beruht auf der Änderung der Induktivität einer Spulenanordnung. Da die Induktivität eine Funktion geometrischer Größen ist, lässt sich diese z. B. durch die Änderung der Weglänge der magnetischen Feldlinien beeinflussen [Par08]. Dieser Effekt wird für Längenmessungen genutzt. Zur Vergrößerung des Messbereichs bzw. der Empfindlichkeit sind die induktiven Sensoren meist in der Bauform eines Differentialtransformators (LVDT) ausgebildet [Her93]. Diese Bauform, welche bereits langjährig im Bereich der Dilatometrie zur Längenmessung eingesetzt wird, besteht aus einer Primär- und zwei Sekundärwicklungen in Differentialanordnung. Der zwischen den Spulen bewegliche Ferritkern in Form eines Längsankers wird in Messachse verschoben und ändert die Kopplung der Induktivitäten [Goh55]. Hierdurch kann ein linearer Zusammenhang der Brückendiagonalspannung in Abhängigkeit vom Messweg erreicht werden. Durch eine Differenzschaltung werden nichtlineare Funktionsteile der Übertragungskurve weitgehend ausgeglichen und die Empfindlichkeit gegenüber magnetischen Störfeldern sowie Temperaturschwankungen entscheidend gesenkt. Induktive Wegsensoren ermöglichen Messbereiche bis 500 mm und der übliche Linearitätsfehler liegt unter 1 % [Par08]. Das analoge Messprinzip selbst besitzt theoretisch eine unbegrenzte Auflösung, diese wird jedoch durch die Auflösung der nachfolgenden AD-Umsetzung limitiert. Aufgrund der sehr hohen Empfindlichkeit eines LVDTs können Wegauflösungen bis in den nm-Bereich und Messunsicherheiten von kleiner als 0,1 % erreicht werden. Das induktive Wegmesssystem ist grundsätzlich berührungslos und in Verbindung mit einer Kalibrierung absolut messend. Für die Führung des Ferritkerns im Spulenzentrum wird jedoch ein mechanischer Aufbau benötigt. Der Einsatz eines LVDTs wird bei genauen Messungen nur mit kleinem Messbereich (bis ± 1 mm) empfohlen [Wal85], [Kra00], [Nyc04], [Par08], [Bur04].

- Kapazitives Messprinzip

Das Prinzip der kapazitiven Sensoren beruht auf der Änderung der Kapazität eines Kondensators. Die Kapazität ist unter anderem von der Elektrodenfläche abhängig, welche durch Parallelverschiebung einer der beiden Elektroden verändert werden kann [Nyc04], [Wal85]. In diesem Zusammenhang ist es wichtig den Abstand der Elektroden während der Messbewegung konstant zu halten. Kapazitive Sensoren ermöglichen vergleichbar mit den induktiven ebenfalls eine Differentialanordnung mit konzentrischer Elektrodenanordnung (vgl. Tab. 10) [Her93]. Nach [Kra00] sind mit diesem Messprinzip große Messbereiche bis zu 200 mm zu erreichen. Die Auflösung ist analog zum induktiven Messprinzip von der AD-Umsetzung sowie dem Messbereich abhängig. Kapazitive Sensoren arbeiten ebenfalls berührungslos, weisen jedoch eine hohe Störempfindlichkeit sowie große Abmessungen auf [Her93].

- Optisch-inkrementales Messprinzip

Inkrementale Messverfahren nutzen Maßstäbe mit einem Linienraster aus abwechselnd reflektierenden und absorbierenden Streifen in Verbindung mit dem Moiré-Effekt [Par08], [Ode90], [TUI16]. Die fotoelektrische Abtastung mit einer Fotodiode ergibt eine hochauflösende Längenmessung. Durch die Möglichkeit der phasenverschobenen Mehrfachanordnung der Fotodioden wird eine Interpolation innerhalb der Teilungsperiode ermöglicht und Auflösungen unterhalb des nm-Bereichs erreicht [Dür93], [Wal85], [Grü72], [Bur05]. Die Signalstabilität inkrementaler Wegmesssysteme, beeinflusst von Schwankungen der Signalamplitude (z. B. Verschmutzungen oder Winkelabweichungen der Maßstäbe), kann nahezu ohne Verschlechterung der Interpolationsgenauigkeit und des Rauschanteils korrigiert werden [Hei16], [Fre96]. Zudem ist dieses Messsystem aufgrund des geringen Abstandes von Maßstab und Encoder relativ unempfindlich gegenüber Störungen. Ein weiterer Vorteil dieses Messprinzips ist die Unabhängigkeit der Auflösung von der Messlänge. Inkrementale Messverfahren liefern allerdings keine absolute Information, sondern nur das Inkrement, also die relative Änderung gegenüber der vorherigen Lage [Her93]. Aufgrund der optischen Erfassung ist dieses Messprinzip berührungslos und daher nicht reibungsbehaftet.

- Optisch-interferometrisches Messprinzip

Die Interferometrie zählt zu den optischen Messprinzipien und basiert auf der Wellennatur von Licht. Eine kohärente, monochromatische Lichtquelle wird mit einem Strahlteiler aufgespalten und auf einen beweglichen und einen festen Reflektor abgelenkt. Die beiden reflektierten Strahlen treffen auf einem halbdurchlässigen Spiegel wieder zusammen und überlagern sich. Das dabei entstehende Interferenzmuster kann mit Fotodetektoren analysiert werden [Ode90], [Par08]. Für die Reflexion des Lichtstrahls ist daher auf dem Messobjekt ein Spiegel anzubringen. Vergleichbar mit dem inkrementalen Messprinzip erreichen Interferometer einen nahezu unbegrenzten Messbereich im m-Bereich mit einer Auflösung unterhalb 1 nm. Vorteil dieses Messprinzips ist neben der berührungslosen Erfassung eine Maßverkörperung, welche keinen fertigungstechnischen Toleranzen unterworfen ist. Die Notwendigkeit bzw. Montage des Spiegels am Messobjekt sowie der extrem hohe gerätetechnische Aufwand verbunden mit einem großen Bauraum sind dagegen Nachteile dieses Messprinzips. Weiterhin weisen das Messobjekt und die Lichtquelle ein unterschiedliches Temperaturverhalten auf. Daher ist die Brechzahl der Atmosphäre und somit die gesamte Längenmessung temperaturabhängig [Kra00], [Dür93].

Eine detaillierte Gegenüberstellung der Lösungsprinzipien zur Erfassung der Längenänderung sowie Ausgangslänge der Probe zeigt Tab. 11 anhand verschiedener Bewertungskriterien. Diese werden aus den in Abschnitt 6.2 definierten Anforderungen und Wünschen sowie allgemeinen technischen Eigenschaften gebildet [Pah05], [VDI2225].

Tab. 11: Bewertung verschiedener Messprinzipien zur Wegerfassung

	Kriterium \ Prinzip	induktiv	kapazitiv	inkre-mental	interfero-metrisch
Längenänderung der Probe	Messbereich minimal 5 mm	+	o	+ +	+ +
	Auflösung besser als 1,25 nm bzw.0,1 % des Messbereichs	+	o	+ +	+ +
	Genauigkeit besser als 2,5 µm bzw. 0,5 % des Messbereichs	o	o	+	+ +
Ausgangs-länge	Messbereich bis 50 mm	o	–	+ +	+ +
	Auflösung besser als 1 µm	+	+	+ +	+ +
allgemein	Kalibrierung	–	– –	+	+ +
	Reibungseinfluss (gering = + +)	+	+	+ +	+ +
	Gasatmosphäre, Vakuum	+	+	+	–
	Temperaturabhängigkeit (gering = + +)	o	o	+	– –
	Bauraum (gering = + +)	+	–	+	– –

+ + sehr gut + gut o befriedigend – ausreichend – – ungenügend

Der etablierte Einsatz des induktiven Messprinzips in Form eines LVDTs beruht auf dessen hoher Auflösung und geringer Störempfindlichkeit im Vergleich zu kapazitiven Sensoren. Die Auflösung des inkrementalen Messprinzips erreicht durch die Weiterentwicklung der Interpolationstechniken die Größenordnung der LVDTs [Nyc04], [Kra00]. Im Unterschied zum inkrementalen Messprinzip benötigt ein induktiver Sensor eine Kalibrierung. Der Zusammenhang zwischen Spannung und Längenänderung wird üblicherweise durch die Kalibrierung unter Nutzung einer Mikrometerschraube hergestellt. Die Qualität der Kalibrierung wird daher von dem verwendeten Messmittel bestimmt und ist aufgrund von Alterungseffekten regelmäßig zu wiederholen. Neben einem manuellen Kalibrierprozess weisen LVDTs aufgrund von z. B. unregelmäßigen Spulenwindungen Nichtlinearitäten auf, welche proportional zum Messbereich sind. Im Unterschied dazu wird die Kalibrierung bei einem inkrementalen Messprinzip während des Herstellungsprozesses vorgenommen. Durch die

hohe Präzision und die Langzeitstabilität der Teilung werden Fehler minimiert und somit eine höhere Genauigkeit im Vergleich zu einem manuellen Kalibrierprozess erreicht [Woh14]. Durch die inkrementale Funktionsweise des Messprinzips und der Verfügbarkeit der Maßstäbe in beliebiger Länge kann der Messbereich ohne Einfluss auf die Auflösung nahezu unbegrenzt erweitert werden.
Ein messtechnischer Vergleich des induktiven Messprinzips zu einem inkrementalen ist im Anhang A3 zu finden. Hierbei wird die Erfassung der Längenänderung der beiden Messprinzipien mit Fokus auf das thermische Verhalten analysiert und verglichen.
Der Einsatz eines Interferometers wird aufgrund der Anforderungen an den Bauraum sowie der Temperaturabhängigkeit nicht vorgesehen.
Eine geringe Temperaturabhängigkeit sowie die über die Lebensdauer gleichbleibende Genauigkeit, Auflösung und Linearität führt zu einem Präferieren des inkrementalen Messprinzips für den weiteren Verlauf (vgl. Tab. 11, Umrandung).

6.5.2 Kraftmessung

Tab. 12 zeigt eine Auswahl an Messprinzipien zur Erfassung der Anpresskraft des Fühlstempels nach [Her93], [Goh55], [Par08].

Tab. 12: Lösungsprinzipien zur Erfassung der Anpresskraft nach [Par08]

Messprinzip	**beeinflusste physikalische Größe**	**Prinzipdarstellung (beispielhaft)**
elektro-mechanisch (Dehnungs-messstreifen)	elektrischer Widerstand	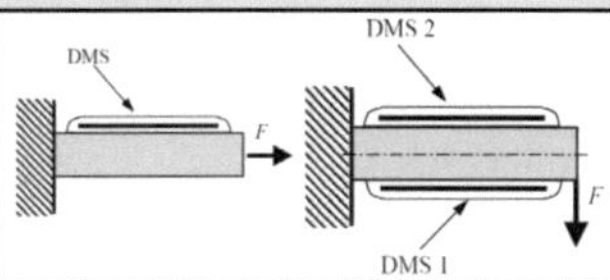
piezoelektrisch	elektrische Ladung bzw. Flussdichte	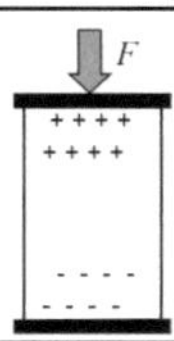

- Elektromechanisches Messprinzip

Die elektrische Messung von Kräften kann anhand der Verformung mechanisch bekannter Objekte durchgeführt werden. Bei konstanter Temperatur tritt eine kleine Längenänderung an einem festen Körper infolge von Krafteinwirkung auf. Diese Längenänderung wird bei Verwendung eines elektrisch leitfähigen Körpers in Form einer resultierenden Widerstandsänderung erfasst [Par08]. Der Aufbau dieser Dehnungsmesselemente bzw. Dehnungsmessstreifen (DMS) ist durch zwei Folien gekennzeichnet, zwischen welche ein Drahtmäander eingebettet wird. Im praktischen Einsatz werden die Dehnungsmessstreifen auf ein deformierbares Bauteil geklebt bzw. im Druckverfahren direkt aufgebracht [Her93], [Goh55].

- Piezoelektrisches Messprinzip

Das piezoelektrische Messprinzip greift auf den direkten piezoelektrischen Effekt zurück. Die Krafteinwirkung bewirkt dabei eine Gitterverschiebung im Kristall, welche die normale Gleichverteilung der Ladungen stört und somit zu einer messbaren Ladungsverschiebung führt [Par08], [Goh55].

Tab. 13 zeigt eine detaillierte Gegenüberstellung der Lösungsprinzipien zur Erfassung der Anpresskraft anhand verschiedener Bewertungskriterien.

Tab. 13: Bewertung verschiedener Messprinzipien zur Krafterfassung

	Kriterium \ Prinzip	elektro-mechanisch	piezoelektrisch
Anpresskraft	Messbereich 0,1 N bis 1 N	+ +	– –
	Auflösung besser als 1 mN	+	–
	Genauigkeit besser als 10 mN	+ +	– –
allgemein	Kalibrierung	+	o
	Drift (gering = + +)	+ +	– –
	beeinflussbare Elastizität (groß = + +)	+ +	o
	Temperaturabhängigkeit (gering = + +)	+	o
	Bauraum (gering = + +)	o	+ +

+ + sehr gut + gut o befriedigend – ausreichend – – ungenügend

Kraftsensoren auf Basis des piezoelektrischen Effekts weisen prinzipbedingt eine Drift auf, welche im Bereich von 1 N/min liegt [Kle13]. Es entsteht daher ein Messfehler, welcher den Einsatz des piezoelektrischen Kraftsensors bei kleinen Kräften über lange Zeiträume ausschließt. Im Unterschied dazu weist eine Kraftmesszelle nach dem elektromechanischen Prinzip bestehend aus einem deformierbaren Körper in Verbindung mit einem DMS eine äußerst geringe Drift[30] auf. Weiterhin kann durch die Verschaltung mehrerer DMS eine Kompensation von beispielsweise Temperatureffekten oder Linearitätsabweichungen leicht realisiert werden [Müh06]. Ein weiterer Vorteil dieses Messprinzips ist die mögliche Anpassung des zu deformierenden Körpers auf die geometrischen sowie mechanischen Anforderungen der Messaufgabe.

Die Diskussion beider Lösungsprinzipien sowie deren Gegenüberstellung in Tab. 13 zeigen, dass der Ansatz eines deformierbaren Körpers in Verbindung mit DMS zu bevorzugen ist.

[30] Nach [Kle13] können Kriechwerte von unter 200 ppm relativ zum Messwert erreicht werden.

6.5.3 Krafterzeugung und Verfahren der Messeinheit

In diesem Abschnitt werden Lösungsprinzipien zur Erzeugung der Anpresskraft und zum Verfahren des Fühlstempels dargestellt (vgl. Tab. 14). Diese können nach [Hac10] in eine direkte Antriebswirkung ohne Zwischenelement auf den Abtrieb und indirekte unterschieden werden. Bei der indirekten Antriebswirkung wandelt ein Übertragungselement die Wirkung auf den Abtrieb, wodurch eine Anpassung von beispielsweise der Abtriebsart bzw. dem Antriebsweg an die geforderte Funktion ermöglicht wird. Der Vorteil einer direkten Antriebswirkung ist der minimale Übertragungsweg und daher Kraftfluss sowie die Minimierung zusätzlicher Einflüsse bzw. Fehlerquellen.

Tab. 14: Lösungsprinzipien zur Erzeugung der Anpresskraft und zum Verfahren des Fühlstempels nach [Kra00], [Erb13], [Ste06], [Hac10]

Wirkungsprinzip	**Ausführungsform**	**Prinzipdarstellung (beispielhaft)**
elektromagneto-mechanisch	Linearantrieb (Motor inkl. Übertragungselemente)	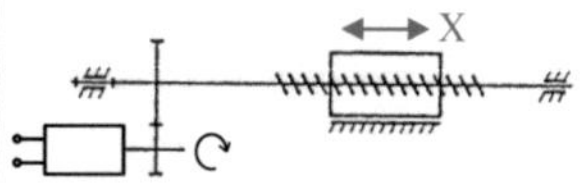
elektrodynamisch	Lineargleichstrom-motor	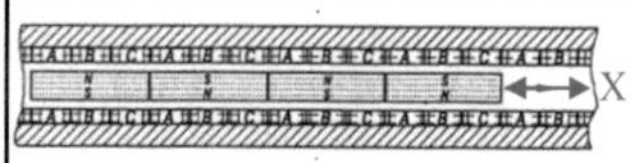
	Tauchspulenantrieb	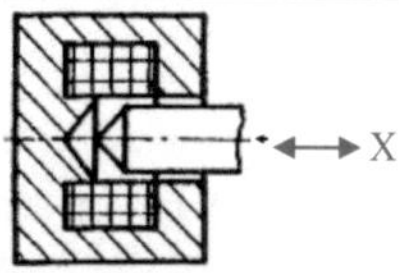
piezoelektrisch	Piezoschreitantrieb	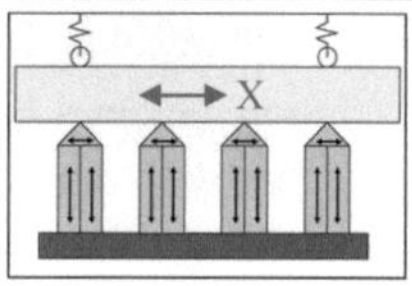

Weitere Lösungsprinzipien sind die Erzeugung der Anpresskraft über pneumatische bzw. hydraulische Aktuatoren. Aufgrund des zusätzlich nötigen

Mediums werden diese für die vorliegende Funktion als ungeeignet eingestuft und sind daher nicht weiter zu verfolgen.

- Linearantrieb

Der Linearantrieb als Kombination eines rotatorischen Motors mit nachgelagerten Übertragungselementen greift auf das elektromagneto-mechanische Wirkprinzip zurück, welches die Kraftwirkung auf Grenzflächen im magnetischen Kreis ausnutzt [Kra00]. Die Umwandlung der Rotationsbewegung des Motors in eine lineare Bewegung erfolgt durch ein mechanisches Getriebe. Vorteil dieses indirekten Antriebprinzips ist, dass durch die nachgeschalteten Getriebe Drehmoment und Drehzahl auf die Funktionserfüllung anzupassen sind. Wesentliche Nachteile sind hingegen eine hohe Reibung sowie viele bewegte Massen [Kra00].

- Lineargleichstrommotor

Lineargleichstrommotoren folgen dem Prinzip der elektrodynamischen Krafterzeugung, welches die Kraftwirkung auf bewegte Ladungen im Magnetfeld nutzt. Der permanenterregte Lineargleichstrommotor besteht aus einem bewegten Magneten mit Kommutierung und einem gestellfesten Spulensystem. Dieses wird entsprechend der aktuellen Position zu den Magneten und somit in Abhängigkeit von der kommutierten Anordnung bestromt [ETH12]. Vorteil eines Lineargleichstrommotors ist dessen großer Bewegungsbereich sowie eine hohe Dynamik. Die nichtlineare Kraft-Strom-Kennlinie, hervorgerufen durch den Gegenfeldeinfluss aufgrund von Eigenerregung, und die Polstellen bei der Kommutierung beeinflussen einen statischen Betrieb nachteilig.

- Tauchspulenantrieb

Der elektrodynamische Effekt wird ebenfalls bei Tauchspulenantrieben genutzt. Ein Magnetfeld wird von einem ringförmigen Permanentmagneten erzeugt und die Kraftwirkung auf den stromdurchflossenen Leiter einer axial verschiebbaren Spule übertragen [ETH12]. Die mit Tauchspulenantrieben[31]

[31] Aufgrund des Einsatzes von Tauchspulenantrieben in Lautsprechern werden diese auch als Voice-Coil-Aktuatoren bezeichnet [Ste06].

erreichbare Kraft wird wesentlich durch die magnetische Flussdichte und somit durch die vom Magnetfeld durchflutete Fläche bestimmt, welche von den radialen Abmessungen abhängig ist. Tauchspulenantriebe weisen eine hohe Dynamik bei limitiertem Stellweg und ein nicht ideal lineares Kraft-Strom-Verhalten auf [Ste06].

- Piezoschreitantrieb

Piezoaktuatoren greifen auf den inversen piezoelektrischen Effekt zurück. Hierbei tritt durch Ladungsverschiebung aufgrund der Erzeugung eines elektrischen Feldes eine Krafteinwirkung auf ein kristallines Material auf. Diese Krafteinwirkung bewirkt dabei eine mechanische Deformation bzw. Stauchung des Körpers [Par08], [Goh55], [Ste06], [Kra00]. Piezoschreitantriebe bestehen aus mehreren Piezoaktuatoren, welche gegen einen Läufer vorgespannt sind. Die Bewegung des geführten Läufers wird durch Schreitbewegungen der Piezoaktuatoren hervorgerufen (vgl. Tab. 14).

Eine detaillierte Gegenüberstellung der Lösungsprinzipien zur Erzeugung der Anpresskraft sowie dem Verstellen der Fühlstempelposition zeigt Tab. 15. Bei den Bewertungskriterien werden neben allgemeinen technischen Eigenschaften die in Abschnitt 6.2 definierten Anforderungen und Wünsche berücksichtigt.

Tab. 15: Bewertung verschiedener Aktuatoren zur Erzeugung der Anpresskraft und zum Verfahren des Fühlstempels

	Prinzip / Kriterium	**Linear-antrieb**	**Linear-gleichstrom-motor**	**Tauch-spulen-antrieb**	**Piezo-schreit-antrieb**
Bewegung Fühlstempel	Verfahrweg minimal 35 mm	+ +	+ +	– –	+ +
	Verfahrgeschwindigkeit minimal 3 mm/s	+	+ +	+	+
Krafter-zeugung	Anpresskraft 0,1 N bis 1 N	o	o	+ +	+ +
	Genauigkeit besser 10 mN	+	o	+ +	+ +
allgemein	Spiel (gering = + +)	+	+ +	+ +	+ +
	Reibungseinfluss (gering = + +)	– –	+ +	+ +	+
	Schwingungsneigung (gering = + +)	+ +	– –	–	+ +
	Wärmeverlust (gering = + +)	+	–	– –	+
	Bauraum (gering = + +)	–	o	+	+

+ + sehr gut   + gut   o befriedigend   – ausreichend   – – ungenügend

Ein Linearantrieb eignet sich zur Bewegung des Fühlstempels, ist jedoch zur Erzeugung einer konstanten Anpresskraft mit kleinen Positionsänderungen während der Längenänderung der Probe ungünstig. Weiterhin ist dieses Lösungsprinzip aufgrund der Reibungs- und möglichen Spielbeeinflussung auszuschließen. Antriebe auf Basis des elektrodynamischen Effekts (Lineargleichstrommotor und Tauchspulenantrieb) weisen eine hohe Dynamik mit vernachlässigbarer Beeinflussung durch Reibung und Spiel auf. Tauchspulenantriebe eignen sich grundsätzlich zur Erzeugung der Anpresskraft, besitzen jedoch einen limitierten Stellweg und sind daher für die Funktionserfüllung der Fühlstempelbewegung nicht ausreichend. Im Kraftregelbetrieb neigen elektrodynamische Antriebe besonders bei kleinen Kräften zu Schwingungen. Dieser Einfluss kann durch regelungstechnische Maßnahmen oder den Einsatz geeigneter Dämpfungselemente (z. B. Wirbelstromdämpfer) reduziert werden [Kra04]. Eine Schwingungsneigung lässt sich bei reibschlüssigen Antrieben wie dem Linearantrieb bzw.

Piezoschreitantrieb hingegen leichter vermeiden [Woh14]. Durch die Selbsthemmung ist gerade bei langandauernden Messungen ein geringer Wärmeverlust zu erwarten.
Ein messtechnischer Vergleich eines Lineargleichstrommotors im Vergleich zu einem Piezoschreitantrieb ist im Anhang A4 zu finden. Hierbei kontaktieren die Aktuatoren im Kraftregelbetrieb einen beweglich geführten Kraftsensor. Dadurch konnte das Kraftregelverhalten der Aktuatoren bei veränderlicher Position analysiert und verglichen werden. Der Test zeigt, dass der Piezoschreitantrieb mit einer Kraftregelabweichung kleiner 1 mN für die Erzeugung der Anpresskraft geeignet ist.
Aufgrund der extrem geringen Schrittweite und eines selbsthemmenden reibungsbasierten Lösungsprinzips ist der Piezoschreitantrieb für den Einsatz in einer kraftgesteuerten Messzelle geeignet. Der Nachteil einer veränderten Schrittgröße in Abhängigkeit von der Anpresskraft wird durch den Kraftregelkreis kompensiert. Mögliche Regelabweichungen beim Übergreifen der Piezoelemente sind durch optimierte Schreittabellen zu reduzieren [Mar16].
Die Diskussion der Lösungsansätze und deren Bewertung in Tab. 15 zeigen, dass das piezoelektrische Lösungsprinzip in Form eines Piezoschreitantriebs zu bevorzugen ist.

6.5.4 Führung

Der folgende Abschnitt dient der Erarbeitung und anschließenden Bewertung verschiedener Lösungsprinzipien zur Führung des beweglichen Fühlstempels, welcher mit den Funktionselementen der Weg- und Krafterfassung gekoppelt ist. Anforderungen an eine Führung sind neben der geradlinigen Bewegung die genaue Lagedefinition der geführten Teile auch unter Krafteinwirkung, ein geringer Verschleiß sowie ein geringer Reibungseinfluss auf die Verstellbewegung [Hab07]. Geeignete Lösungsprinzipien zur Führung des Fühlstempels sind in Tab. 16 dargestellt.

Tab. 16: Lösungsprinzipien zur Führung des Fühlstempels nach [Kra04], [TUI10]

Prinzip der Reibung	**Ausführungsform**	**Prinzipdarstellung (beispielhaft)**
Rollreibung	Wälzführung	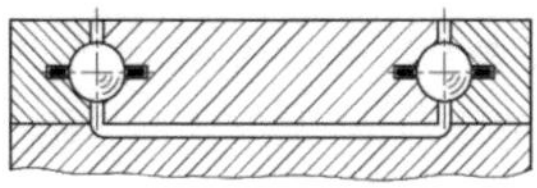
innere Werkstoffreibung	Federführung	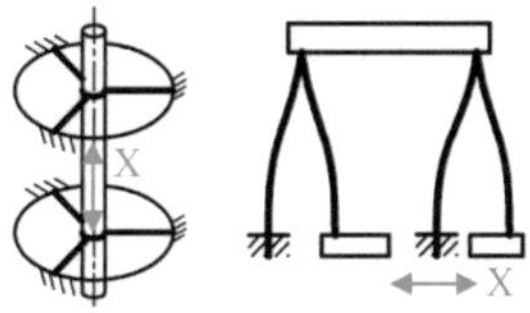
Gasreibung	Luftführung	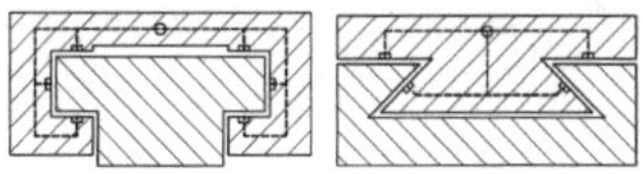

Zur Vervollständigung der Lösungsprinzipien sei das Prinzip der Schwebeführung mit Permanent- bzw. Elektromagneten erwähnt. Dieses Führungsprinzip wird jedoch aufgrund der nicht angemessenen hohen technischen Aufwendungen zur Reduzierung der Schwingungsneigung für den Einsatz in der Gerätetechnik allgemein ausgeschlossen und ist daher im Folgenden zu vernachlässigen [Kra04].

- Wälzführung

Bei Wälzführungen wird das geführte Teil auf Wälzkörpern, z. B. Kugeln oder Rollen, direkt gelagert. Für feinwerktechnische Anwendungen sind geschlossene Wälzführungen zu bevorzugen. Hierbei wird zwischen Wälzführungen mit zylindrischem oder prismatischem Querschnitt unterschieden. Wälzführungen weisen einen geringen Bewegungswiderstand in Form von Rollreibung und Stick-Slip-Effekt auf. Die Belastbarkeit der Wälzkörperführungen bedingt durch die vorliegende Hertzsche Pressung kann durch die Anzahl der Wälzkörper beeinflusst werden. Die Steifigkeit wird bei geschlossenen Wälzkörperführungen durch ein definiertes Verspannen der Führung erhöht [Kra04].

- Federführung

Federführungen realisieren die Führungsbewegung durch innere Werkstoffreibung. Eine Federführung besteht dabei aus Gelenkmechanismen nach Art eines Gelenkvierecks bzw. aus der Kombination mehrerer solcher Systeme. Die Gelenke und auch einige Koppelglieder sind dabei durch elastische Elemente in Form von Federn ausgebildet und führen eine exakte oder angenäherte Translationsbewegung aus [Kra04]. Wesentliche Vorteile dieser Federführungen sind die spielfreie und praktisch reibungsfreie Funktionsweise sowie eine Wartungs- und Verschleißfreiheit. Federführungen weisen jedoch Nachteile wie einen relativ kleinen Führungsweg, einen sperrigen Aufbau sowie eine mangelnde Steifigkeit in Querrichtung und somit Querabweichung auf [TUI10]. Weiterhin treten in Abhängigkeit von der Auslenkung auf Basis der Federkennlinie Rückstellkräfte und um die Nulllage eine Schwingungsneigung auf.

- Aerostatische Führung

Bei aerostatischen Führungen ruht oder bewegt sich die geführte Komponente auf einem Gas (z. B. Luft, Stickstoff). Der nötige Tragdruck wird außerhalb der Führung erzeugt und in den Spalt zwischen den gestellfesten und den bewegten Komponenten gedrückt. Aufgrund des offenen Kreislaufs ist keine Rückführung nötig. Durch die kontinuierliche Zuführung des Mediums gewährleisten aerostatische Führungen auch im Stillstand die volle Funktion. Zur Erhöhung der wirksamen Führungsfläche werden vorwiegend Führungen mit prismatischem Querschnitt der Komponenten eingesetzt. Aerostatische Führungen haben die Eigenschaft einer äußert geringen Reibung, sowohl bei Bewegung als auch bei Stillstand, und weisen aufgrund der fehlenden Anlaufreibung keinen Stick-Slip-Effekt auf. Da die Führungskomponenten nicht in Kontakt stehen, ist eine derartige Führung als verschleißfrei anzusehen. Die aufwändig zu fertigende Ebenheit der Führungsfläche und die Neigung zu selbsterregten Schwingungen sind bei aerostatischen Führungen problematisch [Kra04]. Weiterhin sind die Bereitstellung des Mediums selbst sowie dessen konstante Zuführung zu gewährleisten.

Tab. 17 zeigt eine detaillierte Gegenüberstellung der Lösungsprinzipien zur Führung des Fühlstempels anhand verschiedener Bewertungskriterien.

Tab. 17: Bewertung verschiedener Lösungsprinzipien zur Führung des Fühlstempels

	Kriterium \ Prinzip	Wälzführung	Federführung	Luftführung
Bewegung Fühlstempel	Verfahrweg minimal 35 mm	+ +	– –	+ +
	Verfahrgeschwindigkeit minimal 3 mm/s	+	+	+ +
	Abweichung von der Leitgeraden (gering = + +)	+	+	+ +
allgemein	Spiel (gering = + +)	o	+ +	+ +
	Reibungseinfluss, Stick-Slip-Effekt (gering = + +)	–	+ +	+
	Verschleiß (gering = + +)	o	+ +	+ +
	Rückstellkraft (gering = + +)	+ +	– –	+ +
	Gasatmosphäre, Vakuum	+ +	+ +	– –
	Bauraum (gering = + +)	+ +	–	–

+ + sehr gut + gut o befriedigend – ausreichend – – ungenügend

Eine Federführung ist aufgrund des limitierten Führungswegs und der auftretenden Rückstellkraft, welche vom Antrieb zusätzlich aufgebracht werden müsste, für die vorliegende Funktionserfüllung ungeeignet. Der Einsatz einer nahezu reibungsfreien aerostatischen Führung wird wegen des begrenzten Bauraums sowie der Zuführung eines zusätzlichen Mediums im Vakuumbereich der Messzelle ausgeschlossen. Wälzführungen hingegen weisen einen geringen Bauraum auf und besitzen einen nahezu unbegrenzten Führungsweg. Das auftretende Spiel ist durch Vorspannung der Führungskomponenten zu beseitigen. Geringe Reibungseinflüsse bzw. Stick-Slip-Effekte sind durch den Kraftregelkreis zu kompensieren.

Die Diskussion der Lösungsansätze und deren abschließende Bewertung in Tab. 17 zeigen, dass eine Wälzführung für den weiteren Entwicklungsverlauf zu bevorzugen ist.

6.6 Technisches Prinzip

Die ganzheitliche und systematische Erfassung des Lösungsraums sowie die Erarbeitung von Lösungsprinzipien eröffnen eine Vielzahl an Kombinationsmöglichkeiten zur Erfüllung der Gesamtaufgabe. Durch die direkte Diskussion und Bewertung der Lösungsprinzipien ist eine bereits sinnvolle Auswahl getroffen. Das in Abb. 28 dargestellte Technische Prinzip zur Realisierung einer kraftgesteuerten Messzelle baut auf den präferierten Lösungsprinzipien auf.

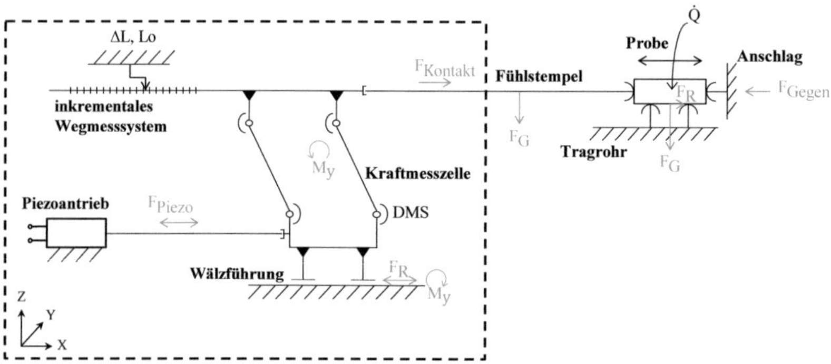

Abb. 28: Technisches Prinzip einer kraftgesteuerten Dilatometermesszelle

Die vom Fühlstempel übertragene relative Längenänderung der Probe wird innerhalb der Messzelle über ein inkrementales Wegmesssystem erfasst und die Anpresskraft über eine Kraftmesszelle bestimmt. Diese besteht aus einem elastisch deformierbaren Verformungskörper in Verbindung mit Dehnungsmessstreifen. Das berührungslose Wegmesssystem hat keine negativen Einflüsse auf die Erfassung der Anpresskraft. Die Kraftmesszelle wird über die ausgewählte Wälzführung an das Gestell angebunden. Weiterhin wird der gestellfeste Piezoantrieb mit der Kraftmesszelle zwangarm gekoppelt und gleicht über den Kraftregelkreis mögliches Spiel sowie Reibungseinflüsse der Wälzführung aus. Durch die axial nahezu unlimitierte Anordnung und Auswahl der Funktionselemente für Antrieb, Führung und Wegmesssystem ist eine Verstellung des Fühlstempels in x-Richtung im Bereich der maximalen Probenlänge möglich. Somit kann die Ausgangslänge der Probe wie in

Abschnitt 6.4 beschrieben funktionsintegriert mit definierter Anpresskraft erfasst werden.

Das Technische Prinzip einer kraftgesteuerten Messzelle für Dilatometeranwendungen nach Abb. 28 weist folgende Vorteile auf:

- theoretisch unbegrenzter Längenmessbereich bei gleichbleibender Auflösung
- automatische Erfassung der Probenausgangslänge
- konstante bzw. definiert beeinflussbare Anpresskräfte
- reibungsfreie und reproduzierbare Bewegung des Fühlstempels
- Erweiterung des Arbeitsbereichs für alle denkbaren Probenausgangslängen

Durch das beschriebene Technische Prinzip ist es möglich, die bestehenden Funktionsgrenzen einer Dilatometermesszelle zu erweitern und durch die Erfassung der Anpresskraft zusätzlich Teilfunktionen einer TMA bzw. DMA zu integrieren. Grundlegend können dieses entwicklungstechnische Vorgehen, der aufgezeigte Lösungsraum sowie die Lösungsprinzipien ebenfalls zur Bearbeitung einer Konstruktionsaufgabe im Bereich der TMA und DMA herangezogen werden.

Eine kraftgesteuerte Messzelle zur Realisierung konstanter Anpresskräfte während einer Längenänderung sowie einer funktionsintegrierten Erfassung der Ausgangslänge in einem für die Dilatometrie üblichen Messbereich stellt eine Neuheit dar. Das in Abb. 28 dargestellte Technische Prinzip ist daher patentrechtlich geschützt (DE102014102077) [Den14].

7 Realisierung einer kraftgesteuerten Dilatometermesszelle

Dieses Kapitel dient der Überführung des präferierten zweidimensionalen Technischen Prinzips in ein auskonstruiertes, dreidimensionales technisches Gebilde [TUI04]. Im Gestaltforderungsplan werden dabei auf Basis einer vereinfachten zweidimensionalen Darstellung die wesentlichen konstruktionsrelevanten Randbedingungen zusammengefasst. Der Konstruktionsentwurf versteht sich als konstruktive Detaillierung unter Berücksichtigung verschiedener Konstruktionsprinzipien.
Neben der konstruktiven Umsetzung dient das folgende Kapitel auch der Erarbeitung und Definition des kraftgesteuerten Regelungsschemas sowie der Justierung des inkrementalen Wegmesssystems.

7.1 Gestaltforderungsplan

Als notwendiger Zwischenschritt zur Erstellung des Gestaltforderungsplans werden mögliche Ausführungsvarianten ausgewählter Funktionselemente und Funktionsgruppen erarbeitet, diskutiert und verglichen. Nachfolgend werden zwei Detaillösungen betrachtet.

1. Kopplung zwischen Fühlstempel und beweglichem Teil der Messzelle

Die Kopplung zwischen dem Fühlstempel und der Messzelle hat die Funktion beide Komponenten unter Bindung aller Freiheiten starr zueinander zu fixieren. Zur Austauschbarkeit des Fühlstempels ist diese Kopplung lösbar zu gestalten, da der Bediener in Abhängigkeit vom Temperaturbereich die Materialauswahl der Probenhalterung und somit auch des Fühlstempels anpassen muss (vgl. Abschnitt 4.1). Bei der Detaillierung sind daher folgende Anforderungen an die Kopplung zu erfüllen:

- lösbare Verbindung und einfache Bedienung
- Spielfreiheit und reproduzierbare Positionierung
- geringe Flächenpressung und Vermeidung von Spannungsspitzen

Die Detaillierung der Kopplung zwischen Fühlstempel und beweglichen Teil der Messzelle ermöglicht eine Vielzahl an konstruktiven Ausführungsvarianten. Eine sinnvolle Auswahl an kraftgepaarten Lösungsansätzen ist in Abb. 29 dargestellt, welche anschließend verglichen und bewertet werden. Stoffgepaarte Verbindungen werden aufgrund der Anforderung einer lösbaren Verbindung nicht betrachtet. Die nötige Spielfreiheit lässt formgepaarte Verbindungen ausschließen.

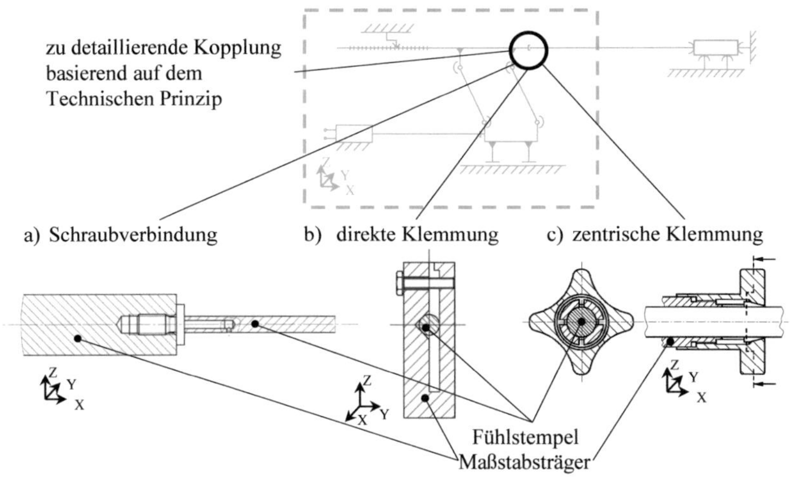

Abb. 29: Ausführungsvarianten der Kopplung zwischen Fühlstempel und beweglichem Teil der Messzelle [TUI042], [Kra04]

Ausführungsvariante a) in Abb. 29 zeigt eine Schraubverbindung. Hierbei wird ein Gewindebolzen mit dem Fühlstempel über eine Zylinderpaarung formschlüssig gepaart und stoffschlüssig gesichert. Die koaxiale Ausrichtung des Gewindebolzens zum Fühlstempel wird durch eine Klebevorrichtung sichergestellt. Vorteil dieser Lösung ist die simple Montage des wechselbaren Fühlstempels durch Rotation. Demgegenüber steht die nötige Fertigung des Gewindebolzens sowie die einmalige Montage bzw. Herstellung der

Klebeverbindung. Beim Festziehen der Schraubverbindung durch den Bediener resultiert ein Drehmoment um die x-Achse, welches von der Wälzführung aufgenommen wird.
Der nach Variante b) entwickelte Ansatz zeigt eine direkt geklemmte Kopplung des Fühlstempels mit der Messzelle. Der Maßstabsträger der Messzelle wird mit einer Nut als möglichem Bewegungsbereich geschlitzt. Die Lage der Achse des Fühlstempels wird durch die Wahl einer offenen, kraftgepaarten Koppelstelle von Zylinder und V-Nut reproduzierbar sichergestellt. Das gegenüberliegende Klemmteil wird durch Schwächung elastisch ausgeführt und übt somit lediglich die notwendige Klemmkraft aus, ohne eine Verlagerung hervorzurufen. Der Fühlstempel wird durch das Festziehen einer Schraube und die damit verbundene Deformation der Spannflächen geklemmt. Die Enden des Fühlstempels sind hierfür entsprechend zu bearbeiten, sodass die Planfläche der Probenseite senkrecht zur Achse der zylindrischen Klemmfläche ausgeführt ist. Die Klemmung führt zur Ausbildung eines Linienkontakts, welcher gleichzeitig als Anlagefläche zur Positionierung dient. Eine Kraftbegrenzung ist durch die Limitierung des Deformationsbereichs über einen Anschlag gewährleistet. Während des Spannvorganges entsteht ein Drehmoment um die y-Achse, welches von der Wälzführung aufgenommen wird.
Die Ausführungsvariante c) orientiert sich an kommerziell frei verfügbaren Spannzangen zur Realisierung einer zentrischen Klemmung. Analog Lösung b) ist das Fühlstempelende für eine definierte Klemmfläche zu überarbeiten. Ein geschlitzter Klemmring wird über eine Klemmmutter gespannt. Vorteil dieser Variante ist die Vergrößerung der Spannfläche sowie die zentrisch wirkenden Kräfte. Dadurch wird eine Verlagerung der Achse ausgeschlossen. Dem steht ein hoher technischer Aufwand zur Realisierung gegenüber.
Tab. 18 zeigt eine Gegenüberstellung der Ausführungsvarianten auf Basis der Forderungen an die Kopplung sowie weiterer allgemeiner Bewertungskriterien.

Tab. 18: Bewertung verschiedener Ausführungsvarianten der Kopplung zwischen Fühlstempel und beweglichem Teil der Messzelle

	Kriterium \ Variante	a) Schraub-verbindung	b) direkte Klemmung	c) Zentrische Klemmung
Anforderung Kopplung	einfache Bedienung	+	+ +	o
	Achsversatz (gering = + +)	–	+ +	+ +
	Spiel (gering = + +)	–	+ +	+ +
	Flächenpressung (gering = + +)	+ +	+	+ +
	Spannungsspitzen (gering = + +)	+ +	o	+
allgemein	Anzahl der Komponenten (gering = + +)	–	+ +	– –
	Drehmoment um x-Achse (gering = + +)	o	+ +	o
	Bauraum (gering = + +)	+	–	+

+ + sehr gut + gut o befriedigend – ausreichend – – ungenügend

Ausgehend von der Diskussion der Ausführungsvarianten sowie deren abschließende Bewertung in Tab. 18 sind die Varianten der direkten und zentrischen Klemmung funktionell gleichwertig. Im Sinne der technischen Einfachheit wird die direkte Klemmung des Fühlstempels als günstigste Lösung gewählt.

2. Die Kopplung des Piezoschreitantriebs an den beweglichen Teil der Messzelle

Die Kopplung verbindet den beweglichen Läufer des Piezoschreitantriebs mit den beweglich geführten Komponenten der Messzelle. Die Kopplung ist nach folgenden Eigenschaften auszulegen:

- Übertragung der Anpresskraft
- ausschließliche Übertragung von Kräften in Bewegungsrichtung
- Spielfreiheit und hohe Steifigkeit in Übertragungsrichtung
- Vermeidung von Überbestimmtheiten

Ziel der Kopplung ist die Bindung der Translation in x-Richtung durch die Wahl einer geeigneten Paarung bei gleichzeitiger Vermeidung von Überbestimmtheiten [Kra00].
Abb. 30 zeigt hierzu zwei detaillierte Ausführungsvarianten auf. Ansatz a) beschreibt eine Kugel-Ebene-Paarung zur Übertragung der auf den Fühlstempel wirkenden Druckbelastung. Bei dieser zwangfreien Anordnung wird die Kraft über die Kugel zentrisch in Kraftrichtung übertragen. Im Bereich der Kontaktzone bildet sich eine Hertzsche Pressung aus. Zur Vermeidung von Spiel bzw. Kontaktverlust der Kugel werden die beiden Komponenten über eine Zugfeder vorgespannt.

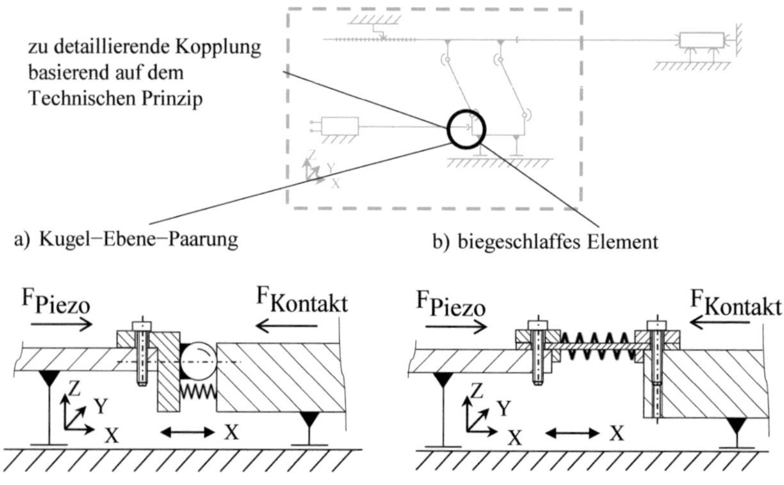

Abb. 30: Ausführungsvarianten der Kopplung des Piezoschreitantriebs an den beweglichen Teil der Messzelle

Variante b) realisiert die kraftschlüssige Verbindung in Form eines biegeschlaffen Elements, welches in Übertragungsrichtung auf Zug vorgespannt ist und in Querrichtung eine deutlich geringere Steifigkeit aufweist. Auf diese Weise werden Fluchtungs- und Richtungsfehler zwischen den beiden geführten Elementen zwangarm ausgeglichen. Das biegeschlaffe Element wird in Kraftübertragungsrichtung (x-Richtung) zusätzlich durch eine Druckfeder axial vorgespannt. Durch eine stetige Zugvorspannung wird ein Ausknicken des biegeschlaffen Elements eliminiert und die übertragbare Kraft der Verbindung in x-Richtung erhöht. Die Ausführungsvariante b) weist den Vorteil einer spielfreien Verbindung in Zug- und Druckrichtung auf.

Tab. 19: Bewertung verschiedener Ausführungsvarianten der Kopplung des Piezoschreitantriebs an den beweglichen Teil der Messzelle

	Kriterium \ Variante	a) Kugel–Ebene–Paarung	b) biegeschlaffes Element
Anforderung Kopplung	Steifigkeit (hoch = + +)	+	+
	Spiel (gering = + +)	+ +	+ +
	Überbestimmtheiten (gering = + +)	+ +	+
allgemein	Anzahl der Komponenten (gering = + +)	+	+
	Übertragung von Kräften (hoch = + +)	–	+ +
	Bauraum (gering = + +)	+	+

+ + sehr gut + gut o befriedigend – ausreichend – – ungenügend

Die Ausführungsvarianten für die Kopplung des Piezoschreitantriebs werden in Tab. 19 anhand von geforderten Eigenschaften und allgemeinen Kriterien verglichen. Hierbei wird deutlich, dass Ansatz b) in Form eines vorgespannten biegeschlaffen Elements für den weiteren Entwicklungsverlauf zu präferieren ist.

Der Gestaltforderungsplan baut auf dem erarbeiteten Technischen Prinzip sowie den präferierten Ausführungsvarianten auf. Abb. 31 zeigt eine detaillierte Ausführung des Forderungsplans. Neben der Außengeometrie, der Bewegungsrichtung sowie weiteren funktionsrelevanten Randbedingungen sind im Konstruktionsentwurf zusätzlich vorzusehende Schnittstellen und mechanische Anschläge definiert.

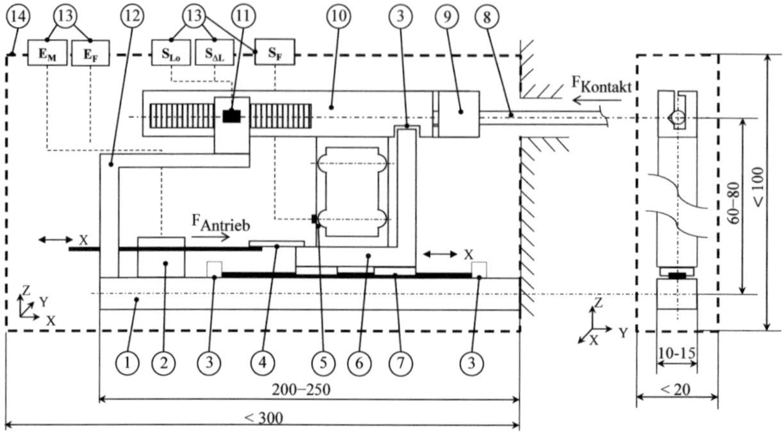

Legende:
1...Messzellenträger
2...Piezoschreitantrieb
3...mechanischer Anschlag
4...Kopplung des Antriebs
5...Kraftmesszelle mit DMS
6...Führungsadapter
7...Wälzführung
8...Fühlstempel
9...Klemmung Fühlstempel
10...Maßstabsträger
11...inkrementales Wegmesssystem
12...Sensorträger
13...vakuumdichte Durchführung
14...vakuumdichte Trennstelle

- Messung Anpresskraft S_F
- Messung Längenänderung $S_{\Delta L}$
- Messung Ausgangslänge S_{Lo}
- Erzeugung Anpresskraft E_F
- Verfahren der Messeinheit E_M

Abb. 31: Gestaltforderungsplan der kraftgesteuerten Dilatometermesszelle

Der Maßstabsträger (vgl. Abb. 31, Pos. 10) dient als Träger für den Linearmaßstab des inkrementalen Wegmesssystems. Weiterhin besitzt diese Komponente eine Verbindung zum oberen Teil der Kraftmesszelle. Der Bewegungsbereich wird durch einen Anschlag eingeschränkt, um Überlastungen der Kraftmesszelle auszuschließen (vgl. Abb. 31, Pos. 3). Die Aufnahme der Kraftmesszelle ist im unteren Teil über einen Führungsadapter realisiert (vgl. Abb. 31, Pos. 6). Dieser ist über Führungsschlitten mit der Wälzführung verbunden. Die Translation erfolgt in Richtung der Leitgerade der Wälzführung. Zur Vermeidung von Fehlern 2. Ordnung müssen die Leitgerade, die gewünschte Messachse (Mittellinie des Fühlstempels in x-Richtung) und die Probenausdehnungsrichtung übereinstimmen. Richtungsfehler werden daher durch die Leitgerade der Wälzführung bedingt. Die Vermeidung von Fehlern 1. Ordnung wird durch die Ausnutzung des Abbeschen Komparatorprinzips erreicht. Hierfür wird das inkrementale Wegmesssystem fluchtend zur Probe, also direkt in Messachse angeordnet (vgl. Abb. 31, Pos. 11). Um weitere Fehler so gering wie möglich zu halten, werden zwei Führungsschlitten verwendet. Dies bewirkt eine Vergrößerung der Führungslänge in x-Richtung, wodurch der Einfluss der

Kippempfindlichkeit speziell um die y-Achse erheblich gesenkt wird. Entscheidend ist dabei die geringe Steifigkeit des elastischen Verformungskörpers der Kraftmesszelle im Verhältnis zu den anderen strukturellen Komponenten im Kraftregelkreis.
Die Kopplung zwischen dem Führungsadapter und dem beweglichen Läufer des Antriebs ist gemäß Abb. 30 b) in Form eines vorgespannten biegeschlaffen Elements ausgebildet. Hierbei werden durch die steife Verbindung in x-Richtung die Anpresskräfte und Verfahrbewegungen übertragen. Die Fühlstempelverschiebung über die Führung ist durch Anschläge auf dem Messzellenträger begrenzt, welche den Bewegungsbereich der Wälzführung limitieren. Die Wälzführung und der Antrieb sind am Messzellenträger angebunden (vgl. Abb. 31, Pos. 1). Der gestellfeste Teil des inkrementalen Wegmesssystems ist über einen Sensorträger (vgl. Abb. 31, Pos. 12) mit dem Messzellenträger verbunden.
Die komplette Messzelle besitzt eine Verbindung zum Probenraum und ist daher in einem vakuumdichten Bereich angesiedelt. Somit sind z. B. für elektrische Leitungen geeignete Durchführungen in der vakuumdichten Trennstelle vorzusehen (vgl. Abb. 31, Pos. 13 und Pos. 14). Steuerungstechnisch sind in Bezug auf die kraftgesteuerte Messzelle die in Abb. 31 dargestellten Signale zu verarbeiten bzw. Energien bereitzustellen.

Die weitere Konstruktion baut auf dem Gestaltforderungsplan auf.

7.2 Konstruktionsentwurf

Die konstruktive Umsetzung der kraftgesteuerten Messzelle ist in Abb. 32 in zwei isometrischen Ansichten dargestellt. Zur besseren Übersichtlichkeit wird auf die Darstellung von elektrischen Leitungen und deren Fixierung durch nötige Halterungen verzichtet.

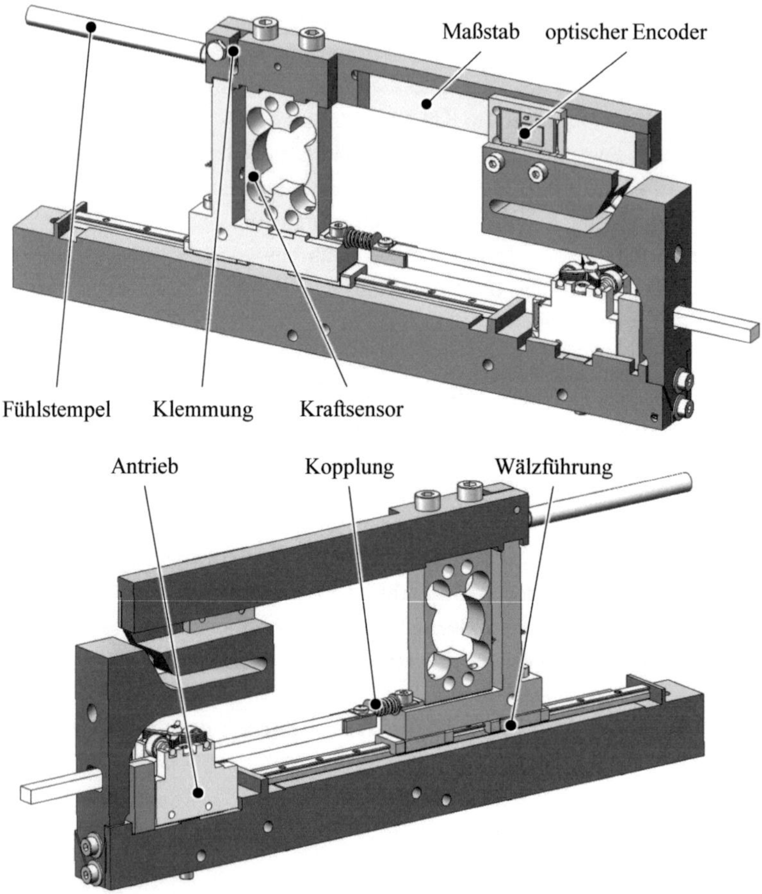

Abb. 32: Konstruktive Umsetzung einer kraftgesteuerten Dilatometermesszelle

Die Bestimmung der Längenänderung, welche über den Fühlstempel in die Messzelle übertragen wird, erfolgt durch das inkrementale Wegmesssystem. Dieses ist direkt in Messachse der Probe angeordnet und besteht aus einem gestellfest befestigten optischen Encoder sowie einem am beweglichen Maßstabsträger stoffschlüssig fixierten inkrementalen Maßstab. Die vom Fühlstempel übertragene Anpresskraft an die Probe wird von einem geführten Kraftsensor erfasst und ermöglicht somit die aktive Beeinflussung der

Anpresskraft durch einen Kraftregelkreis. Dieser steuert einen Piezoschreitantrieb, welcher die Anpresskraft erzeugt und den beweglichen Teil der Messzelle verfährt. Die Kopplung dieser Elemente ist durch die Verbindung mit einem biegeschlaffen Element realisiert. Die konstruktive Umsetzung der direkten Klemmung am Maßstabsträger sieht den einfachen Austausch des Fühlstempels durch den Bediener vor.
Der komplette Konstruktionsentwurf ist in ein vakuumdichtes Gehäuse zu integrieren, welches die gemäß Gestaltforderungsplan definierten Schnittstellen beinhaltet.

Der Konstruktionsentwurf nach Abb. 32 erfüllt verschiedene Funktionen der in Abschnitt 6.3 erarbeiteten Funktionsstruktur. Die nachfolgende Aufschlüsselung bestehender Anforderungen sowie geleisteter Funktionen dient der systematischen Einordnung:

- Der Fühlstempel hat die Funktion **mechanischen Kontakt** zur Probe herzustellen und die resultierenden Kräfte sowie Längenänderungen zu übertragen. Dieser Probenkontakt ist mit einer vom Benutzer definierten Anpresskraft zu realisieren. Die Führung des Fühlstempels in Messachse (x-Richtung) erfolgt durch eine Wälzführung

- Die Funktionen **Erfassung der Ausgangslänge** und **Erfassung der Längenänderung** der thermisch beeinflussten Probe werden durch das inkrementale Wegmesssystem ausgeführt. Dieses erfüllt die Anforderung an eine hohe Genauigkeit und hohe Auflösung zur Erfassung der Längenänderung. Durch die Verwendung eines linearen Maßstabs wird ein sehr großer Bereich zur Erfassung der Probenausgangslängen ermöglicht.

- Die **Erfassung der Anpresskraft** erfolgt durch den in Richtung der Messachse beweglich geführten Kraftsensor, welcher die aktuelle Anpresskraft bestimmt und an den Kraftregelkreis weitergibt.

- In Abhängigkeit vom Soll-Ist-Vergleich des Kraftregelkreises ist die Funktion des Piezoschreitantriebs die **Wandlung von elektrischer in mechanische Energie**. Die Position des Antriebs während dem Messvorgang wird in Abhängigkeit der vorgegebenen Anpresskraft verändert. Bei einer konstanten Anpresskraft folgt der Antrieb somit einer Veränderung der Fühlstempelposition in x-Richtung, welche durch eine thermisch induzierte Längenänderung der Probe hervorgerufen wird.

Der Konstruktionsentwurf nach Abb. 32 berücksichtigt verschiedene Konstruktionsprinzipien bzw. Gestaltungsprinzipien, um dem Anspruch bzw. der Grundregel „einfach, eindeutig und sicher" [Pah05] gerecht zu werden. Diese Konstruktionsprinzipien werden in verschiedener Literatur wie [TUI04], [Pah05], [TUC091], [Kra00], [Ste05], [Gro05], [Sch82] beschrieben, weshalb auf eine umfassende Wiederholung aller anwendbarer Prinzipien an dieser Stelle verzichtet werden kann.
Die in dieser Arbeit eingesetzten Konstruktionsprinzipien zur Realisierung des Konstruktionsentwurfs werden in Tab. 20 den jeweiligen Sachverhalten zugeordnet.

Tab. 20: Im Konstruktionsentwurf angewandte Konstruktionsprinzipien

Sachverhalt	Konstruktionsprinzip
Wirkung von Normalkräften in kraft- und formschlüssigen Verbindungen	Prinzip der direkten und kurzen Krafteinleitung
Kopplungen mehrerer beweglicher Elemente	Prinzip des Vermeidens von Überbestimmtheiten
Fehler aufgrund von Lageabweichung	Prinzip der Fehlerminimierung, Innozenz, Invarianz
Umgang mit mehreren Funktionen	Prinzip der Funktionsintegration

- Prinzip der direkten und kurzen Krafteinleitung

Das Konstruktionsprinzip der direkten und kurzen Krafteinleitung verfolgt das Ziel, Kräfte bzw. Momente in Verbindungen möglichst unverfälscht

weiterzuleiten, sodass dies mit geringsten Verformungen verknüpft ist. Folglich sind Zug- und Druckspannung zu bevorzugen [Kra00], [Sch82].
Dieses Prinzip wird bei der Aufnahme und Weiterleitung der Anpresskraft in der Verbindung zwischen Fühlstempel und Maßstabsträger angewendet. Die Aufnahme der Kräfte in x-Richtung erfolgt kraftgepaart über eine Klemmung (vgl. Abb. 33, Kreis).

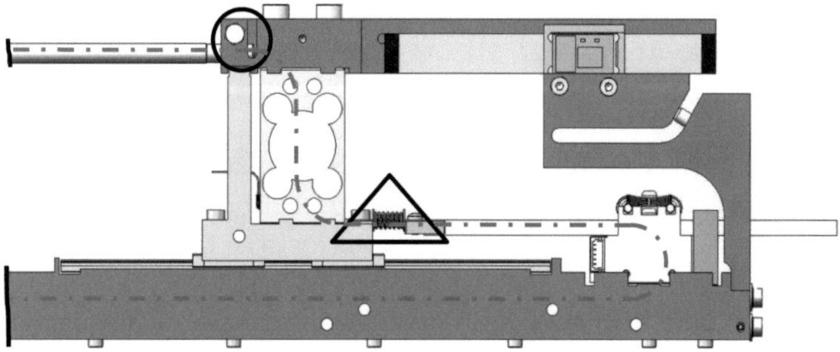

Abb. 33: Prinzip der direkten und kurzen Krafteinleitung

Eine weitere direkte Krafteinleitung ohne Veränderung der Kraftrichtung erfolgt vom beweglichen Läufer des Piezoschreitantriebs zum Führungsadapter (vgl. Abb. 33, Dreieck). Die vom Bediener programmierbare Anpresskraft wird hierbei ohne Entstehung von zusätzlichen Momenten vom gestellfesten Antrieb erzeugt und durch eine direkte, zwangarme Anbindung an den beweglichen Teil der Messzelle übertragen.

- Prinzip des Vermeidens von Überbestimmtheiten

Das Konstruktionsprinzip wird bei der kraftschlüssigen Verbindung des Piezoantriebs in Form einer zwangarmen Kopplung angewendet (vgl. Abb. 34, Dreieck).

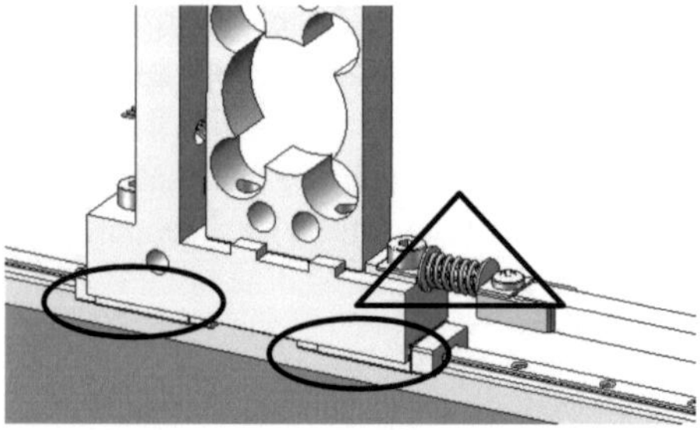

Abb. 34: Prinzip der Vermeidung von Überbestimmtheiten

Durch die Montage des Führungsadapters über zwei Führungswagen mit definiertem Abstand wird die wirksame Führungslänge erhöht, es entsteht jedoch ein überbestimmtes System. Die Beherrschung der Überbestimmtheiten sowie deren Auswirkungen sind durch technologische Maßnahmen wie enge Fertigungstoleranzen bzw. gemeinsame Bearbeitung zu lösen [TUI04]. Im vorliegenden Konstruktionsentwurf wird dies durch einen Führungsadapter mit einem gemeinsamen seitlichen Montageanschlag umgesetzt (vgl. Abb. 34, Ellipsen). Weiterhin werden enge Fertigungstoleranzen für Maß-, Form- und Lagetoleranzen vorgesehen [Woh14]. Weitere konstruktive Maßnahmen wie beispielsweise eine Justierung der miteinander verbundenen Teile zueinander oder die Realisierung der Verbindung in einer elastischen Bauweise werden als nicht praktikabel bewertet.

- Prinzip der Fehlerminimierung, Innozenz, Invarianz

Während der Entwurfsphase wird im Allgemeinen durch das Konstruktionsprinzip der Fehlerminimierung versucht schädliche Auswirkungen von Fehlereinflussgrößen auf die Gesamtfunktion zu vermeiden bzw. einzugrenzen. Diese Forderung wird durch die Berücksichtigung der Konstruktionsprinzipien Innozenz und Invarianz erfüllt. Bei invarianten Systemen bzw. Strukturen wird die Ausgangsgröße nicht von der Störgröße beeinflusst. Hingegen treten bei innozentem Verhalten nur Fehler zweiter und höherer Ordnung auf. Innozente Konstruktionen sind beispielsweise durch das Abbesche Komparatorprinzip zu realisieren, welches die fluchtende Anordnung von Probe und Maßverkörperung beschreibt [Kra00], [Sch82]. Der Konstruktionsentwurf erfüllt diese innozente Struktur durch die Anordnung der Probe und des Wegmesssystems in Messachse. Diese axiale Übertragung und Messung der Längenänderung verhindert Fehler erster Ordnung.

- Prinzip der Funktionsintegration

Das Prinzip der Funktionsintegration beschreibt die Anordnung von einem oder mehreren Elementen, welche nicht nur eine einzige Teilfunktion realisiert, sondern durch eine integrierte Funktionsausnutzung an mehreren Teilfunktionen beteiligt ist. Dieses Prinzip wird in der Feinwerktechnik zur Miniaturisierung eingesetzt. Durch eine Verringerung der Bauelementanzahl sowie deren Kopplung ist eine Vereinfachung des Geräteaufbaus zu erzielen und die Grundforderung „einfach“ zu erreichen [Kra00], [Sch82]. Ein weiterer positiver Effekt einer geringen Anzahl von Elementen ist die damit verbundene Reduzierung des Montage- und Justieraufwandes.
Die Antriebskomponente zur Erzeugung der Anpresskraft übernimmt ebenfalls die Funktion, den beweglichen Teil der Messzelle mit dem Fühlstempel zu verfahren. Dies ist nötig, um unterschiedliche Probenausgangslängen auszugleichen und die Probe zu kontaktieren (vgl. Abb. 35, gestricheltes Rechteck). Die in Anhang A4 getesteten Umsetzungen der Lösungsprinzipien sind durch deren großen Bewegungsbereich in der Lage beide Funktionen integriert auszuführen.

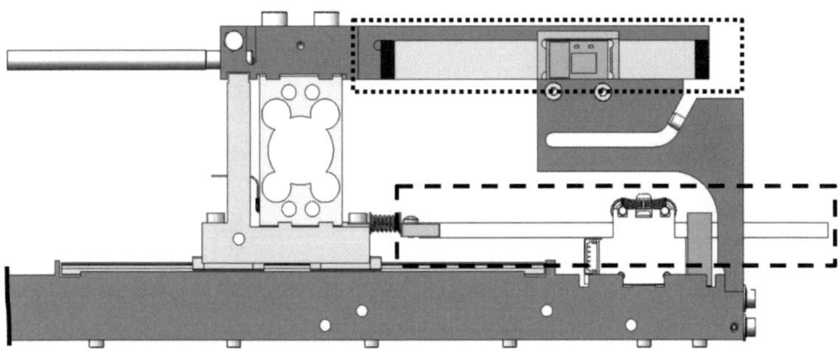

Abb. 35: Prinzip der Funktionsintegration

Bei der Messung der Probenausgangslänge und der Längenänderung der Probe sind nach dem Stand der Technik zwei voneinander unabhängige Längenmesssysteme im Einsatz. Das in Abschnitt 6.5.1 beschriebene inkrementale Wegmesssystem mit einem linearen Maßstab und einem optischen Encoder erfüllt die Anforderungen beider Teilfunktionen. Das Messsystem stellt einen großen Messbereich für die Bestimmung der Probenausgangslänge und eine extrem hohe Auflösung zur Messung der thermisch induzierten Längenänderung der Probe zur Verfügung (vgl. Abb. 35, gepunktetes Rechteck) [Woh14].

7.3 Regelungsschema

Der in Kapitel 6 erarbeitete Lösungsansatz sieht die Erfassung der Längenänderung und Ausgangslänge einer Probe durch eine kraftgesteuerte Messzelle vor. Die in Kapitel 5 beschriebenen Defizite einer während der Messung veränderlichen Anpresskraft können durch den Einsatz eines Kraftregelkreises eliminiert werden. Abb. 36 beschreibt ein Regelungsschema, bei dem die aktuelle Anpresskraft vom Messglied fortlaufend erfasst und mit der Führungsgröße, der Sollkraft, verglichen wird. In Abhängigkeit von der Abweichung wird über die Regelstrecke eine Angleichung an die Führungsgröße erzielt. Dies erfolgt durch die Beeinflussung des Stellglieds. Dieser Wirkungsablauf findet in einem geschlossenen Regelkreis statt [TUC08].

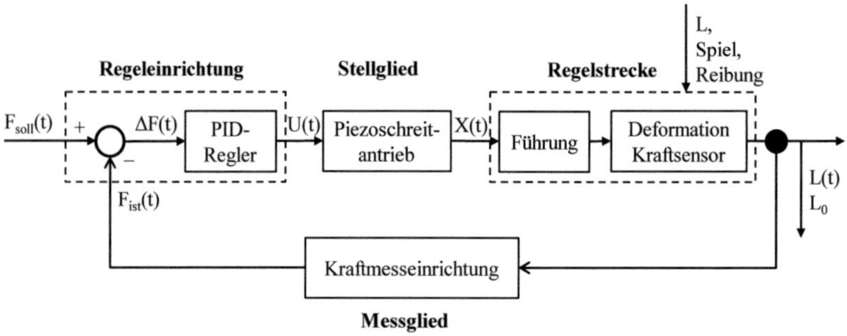

Abb. 36: Schema des Kraftregelkreises

Der Kraftregelkreis greift auf die im Technischen Prinzip definierten Komponenten zurück (vgl. Abb. 28). Hierbei erzeugt der Piezoschreitantrieb eine Kraft in x-Richtung, welche über den Kraftsensor und den Fühlstempel an die Probe übertragen wird. Die Anpresskraft wird durch den Bediener im Messprogramm vorgegeben und in der Regeleinrichtung mit dem aktuellen Wert verglichen. Der PID-Regler ändert in Abhängigkeit von der Kraftabweichung die Spannungsversorgung des Piezoschreitantriebs (vgl. Abb. 36). Dieser Antrieb passt dadurch die Position des Läufers in x-Richtung an und durch die Kopplung zum Führungsadapter wird ebenfalls die Deformation des Kraftsensors beeinflusst. Die elastische Verformung des Kraftsensors ist somit Teil der Regelstrecke. Diese Federwirkung wird ausgenutzt, um die geforderte Auflösung und Genauigkeit der Kraftregelung zu erreichen.
Die Realisierung der PID-Regelung über einen Mikrocontroller lässt zusätzliche Optimierungen des Kraftregelkreises und des Messvorgehens zur Minimierung von Messfehlern zu:

- kraftabhängige Schreittabellen zur Reduzierung der Regelabweichung beim Übergreifen der Piezoelemente [Mar16]
- programmierte Mehrfachantastung der Probe zur Erkennung bzw. Beseitigung einer fehlerhaften Positionierung der Probe
- einseitige Zielannäherung beim Antastvorgang, um Führungsspiel und Hysterese-Effekte auszuschließen

Die Erfassung der Ausgangslänge bzw. die Längenänderung der Probe wird durch das inkrementale Wegmesssystem unabhängig vom Kraftregelkreis erfasst. Das in Abb. 36 dargestellte Schema eines Kraftregelkreises erfüllt daher die Anforderungen zum Einsatz in der kraftgesteuerten Dilatometermesszelle.

7.4 Justierung

Ein Justiervorgang hat gemäß Definition die Aufgabe, Bauelemente in die notwendige Lage zu bewegen, sodass die gewünschte Funktion des gesamten technischen Gebildes erfüllt wird. Dabei sollen Messabweichungen systematisch reduziert bzw. beseitigt werden [Han64], [Müh06], [DIN1319_1]. Die bei der Montage auftretenden Abweichungen der Lage der Bauelemente zueinander werden somit berichtigt. Nach dem Konstruktionsentwurf in Abb. 32 sind vor allem die Lageabweichungen der Funktionselemente des inkrementalen Wegmesssystems von großer Bedeutung. In Abhängigkeit von den Herstellertoleranzen (z. B. [NUM13]) sind daher Justiereinrichtungen vorzusehen, welche sich nach [Han64] aus einem Betätigungs- und Übertragungselement sowie einem oder mehreren Funktionselementen zusammensetzen.

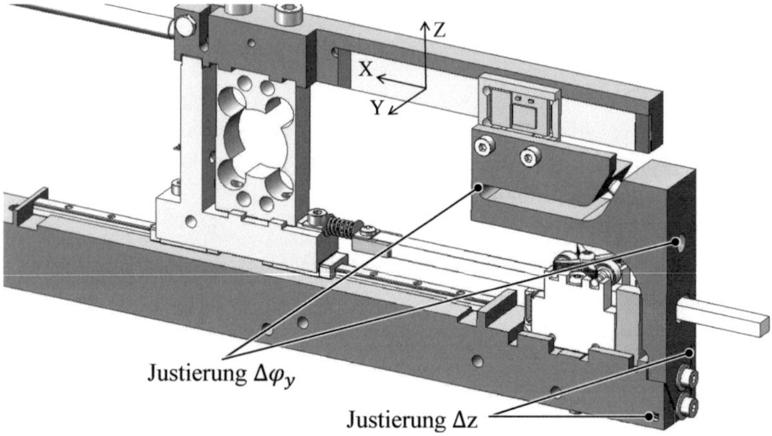

Abb. 37: Justiereinrichtungen zur Beeinflussung der Sensorposition zum Maßstab

Sowohl die Lageabweichung der Rotation um die y-Achse ($\Delta\varphi_y$) als auch die Verschiebung in z-Richtung (Δz) des optischen Sensors zum Maßstab sind maßgeblich für die Qualität des Wegmesssignals in x-Richtung verantwortlich [NUM13], [Hei11]. Im Konstruktionsentwurf sind daher entsprechende Justiermöglichkeiten vorgesehen, um eine definierte Position des optischen Encoders zum Maßstab einzustellen (vgl. Abb. 37).

Der Justiervorgang wird gemäß den Grundforderungen nach [Han64] in zwei einzelne abgeschlossene Vorgänge ohne gegenseitige Beeinträchtigung aufgegliedert:

1. Justierung der Rotation um die y-Achse ($\Delta\varphi_y$):
   Der optische Encoder ist mit Hilfe einer Stellschraube um den Drehpunkt der Sensorhalterung zu kippen (vgl. Abb. 37). Dadurch wird die Rotation von Sensor zu Maßstab beeinflusst. Während des Justiervorganges sind die Sinus- und Cosinus-Signale am Einheitskreis zu betrachten. Bei maximaler Amplitude ist der Justiervorgang abgeschlossen. Die Drehbewegung wird durch ein Festkörpergelenk der Sensorhalterung realisiert. Die Anlagefläche des Encoders gegenüber der Messachse ist um 1 ° schräg gefertigt und ermöglicht somit eine einseitige Annäherung. Da es sich bei diesem Justiervorgang um kleine Drehbewegungen handelt, spielt die parasitäre Verschiebung und die Lageänderung der Drehachse eine untergeordnete Rolle [Han64].

2. Justierung der Translation in z-Richtung (Δz):
   Der zweite Justiervorgang sieht eine lineare Bewegung des optischen Encoders längs der z-Achse vor. Dies kann mittels eines Keilschubgetriebes feinfühlig verstellt werden. Während des Justiervorganges wird die Ausrichtung der Sensorhalterung durch Spannscheiben fixiert. Die Translation des optischen Encoders ist bei maximaler Rundheit des Einheitskreises der Sinus- und Cosinus-Signale abgeschlossen.

Die Justierung des inkrementalen Wegmesssystems ist daher nach [Han64] in zwei verschiedene Justierbewegungen gegliedert. Es werden eine Winkelbewegung, bei welcher der Sensor eine Kreisbewegung um die ruhenden Elemente ausführt, und eine lineare Bewegung längs einer Geraden unterschieden. Die übrigen zwei Winkelabweichungen sowie die Translation in y-Richtung werden über enge Fertigungstoleranzen derart limitiert, dass die maximal zulässigen Toleranzen des verwendeten inkrementalen Wegmesssystems eingehalten werden können [NUM13], [Hei11].

8 Messungen mittels kraftgesteuerter Dilatometermesszelle

8.1 Messtechnischer Nachweis der Funktionsfähigkeit

Der messtechnische Nachweis versteht sich als praktische Erprobung der Funktionsfähigkeit eines Messgeräts unter Einhaltung der angestrebten Verbesserungen.
Im Rahmen dieser Arbeit sind darunter verschiedene Messungen unter Verwendung eines Prototypen der kraftgesteuerten Messzelle, integriert in ein Dilatometer, zu verstehen. Ziel des messtechnischen Nachweises ist es, die Funktionen sowie das Zusammenspiel relevanter Funktionselemente der kraftgesteuerten Messzelle anhand von praktischen Messungen nachzuweisen. Der Fokus liegt auf dem messtechnischen Nachweis der Verringerung der Messunsicherheit unter Einfluss einer kontrollierten Anpresskraft.

8.1.1 Vorgehensweise

Im Rahmen des messtechnischen Nachweises wird ein Prototyp entsprechend des in Kapitel 7 beschriebenen Konstruktionsentwurfs in ein verfügbares Dilatometer integriert und die bestehende Elektronik um den geforderten Kraftregelkreis erweitert. Die Einbindung des Wegmesssignals sowie die Ansteuerung des Antriebs erfolgt je nach Versuchsaufbau durch die Verwendung von externen Steuer- bzw. Auswerteeinheiten. In Abhängigkeit vom Probenmaterial und geforderten Temperaturprogramm wird eine entsprechende Auswahl der Temperiereinheit und Probenhalterung getroffen.
Das erste Experiment dient dem Nachweis der Verbesserung der Reproduzierbarkeit der Messung der Probenausgangslänge durch definierten Kraftangriff. Hierfür wird die bisher praktizierte manuelle Messung der Probenausgangslänge mit der automatischen Messung der kraftgesteuerten Messzelle innerhalb der Dilatometeranordnung verglichen. Um die Funktionsfähigkeit der gesamten kraftgesteuerten Messzelle nachzuweisen, werden Referenzproben mit bekannter Längenänderung gemessen. Die

Auswirkung unterschiedlicher bzw. sich ändernder Anpresskräfte wird mit Messungen an Sinterkeramik bzw. Schäumen dargestellt. Neben der Messung von weichen Materialien erweitert die kraftgesteuerte Messzelle den Anwendungsbereich der Dilatometrie durch die Messung von z. B. viskoelastischen Eigenschaften wie Kriecheffekten. Dies wird am Beispiel von Retardationsmessungen demonstriert.

8.1.2 Durchführung, Auswertung und Interpretation

Die Durchführung der Messungen erfolgt mit Hilfe unterschiedlicher Software. Neben der Gerätesoftware Proteus[32] werden die Messdaten mittels Datenanalysesoftware (Origin bzw. Excel) ausgewertet. Dabei werden die Berechnung der Längenänderung bzw. Korrekturverfahren nach Abschnitt 4.4 berücksichtigt.

- Messung der Probenausgangslänge

Das erste Experiment zeigt den Einfluss der Anpresskraft auf die Erfassung der Probenausgangslänge L_0. Hierfür wird die Ausgangslänge einer weichen Probe aus Isolationsmaterial (Styrodur®, BASF) mehrfach manuell mit Hilfe eines Messschiebers erfasst. Anschließend erfolgt die Messung der Ausgangslänge mit der kraftgesteuerten Messzelle unter Anwendung unterschiedlicher Anpresskräfte [Woh14]. Die Auswertung in Abb. 38 zeigt, dass die Probenausgangslänge erheblich von der Anpresskraft beeinflusst wird. Mit Anpresskräften in einem Bereich von einigen mN bis zu 3 N weist die Probenausgangslänge eine Abweichung von bis zu 5 % auf. Bei Anpresskräften unterhalb von 0,2 N ist ein überproportionaler Anstieg der Probenausgangslänge zu erkennen. Dies ist durch den Einfluss der Kontaktsituation zwischen Probe und Fühlstempel zu erklären. Bei der Kontaktierung erfolgt ein Prozess der Annäherung mit ansteigendem Traganteil. Eine undefinierte Oberflächengestaltung der Probe wird durch lokale Deformation ausgeglichen und erst ab einer gewissen Kraft wirkt die reale Steifigkeit der Probe. Die manuelle Messung liefert eine mittlere Probenausgangslänge von 11,24 mm mit einer Standardabweichung von

---

[32] Software zur Steuerung und Erfassung der Messdaten von thermischen Analysegeräten nach [Net12].

24 µm. Diese Standardabweichung ist mit einer Variation der Anpresskraft von ca. 0,3 N zu vergleichen (vgl. Abb. 38: Anpresskraft im Bereich von ca. 0,85 N bis 1,15 N). In einem Bereich von 0,1 N bis 2 N liegt die Standardabweichung bei allen Messungen unter automatischer Kraftaufbringung niedriger als bei einer manuellen Erfassung [Woh16].

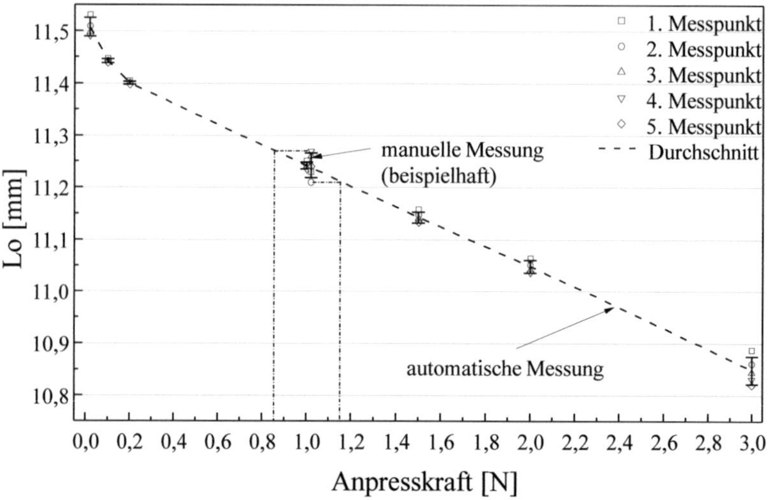

Abb. 38: Erfassung der Probenausgangslänge L_0 mit unterschiedlichen Anpresskräften (Styrodur®, BASF)

Die kraftgesteuerte Messzelle ermöglicht neben der grundsätzlichen Erfassung der Probenausgangslänge auch die definierte Kontaktierung der Probe. Die Probenausgangslänge wird nicht außerhalb des Messgeräts, sondern an der späteren Messposition bestimmt. Die Messbedingungen sind daher mit denen der späteren Messung der thermischen Längenänderung vergleichbar.

Neben der Erfassung der Ausgangslänge der Probe wird durch einen Testaufbau die Genauigkeit der Ausgangslängenerfassung unter definierter Anpresskraft ermittelt (vgl. Abb. 39, Abb. 40). Ein Zweistrahlinterferometer (vgl. Abb. 39,②) wird verwendet, um die Position eines gestellfest mit dem Tragrohr verbundenen Reflektors zu erfassen. Der zweite Reflektor ist an einem in Richtung der Messachse geführten Träger befestigt, dessen Position in Messrichtung durch einen externen Antrieb verändert werden kann (vgl. Abb. 39,③). Dieser Reflektor bzw. der Träger wird auf der Rückseite vom Fühlstempel der kraftgesteuerten Messzelle kontaktiert (vgl. Abb. 39,①). Durch die Veränderung der Position mit Hilfe des Antriebs werden unterschiedliche Probenlängen simuliert. Die Position in Messachse wird sowohl von der kraftgesteuerten Messzelle als auch durch das Interferometer erfasst. Als Vergleich wird das Wegmesssignal der Messzelle mit der Längendifferenz des Strahls I und II des Interferometers (vgl. Abb. 39,②) verglichen. Durch die Verwendung und Differenzbildung der zwei Strahlen wird gewährleistet, dass systematische Messfehler durch den Testaufbau (z. B. das elastische Gestell) eliminiert werden [Woh16].

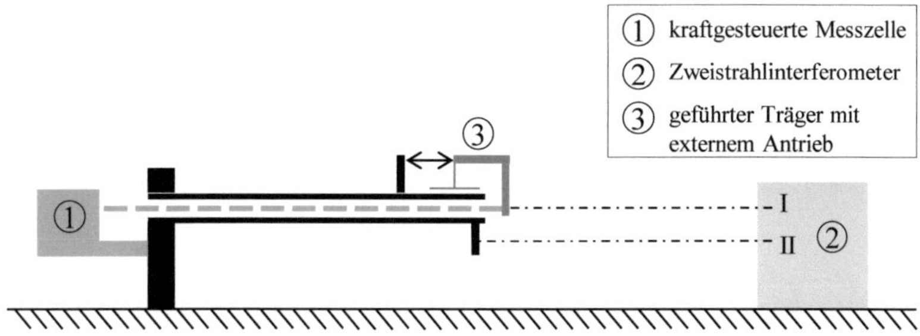

Abb. 39: Testaufbau zur Analyse der Genauigkeit der Erfassung der Probenausgangslänge [Woh161]

Die Versuchsdurchführung umfasst vier verschiedene Messreihen mit zwei unabhängigen Messzellen. Jede Messreihe besteht aus zehn Durchläufen und wird mit einer Anpresskraft von 0,5 N durchgeführt. Die Messpunkte sind in 5 mm-Schritten bis zu einer Referenzprobenlänge von 25 mm verteilt. Für die Versuchsdurchführung wird ein modifiziertes Dilatometer nach [Net16] verwendet (vgl. Abb. 40).

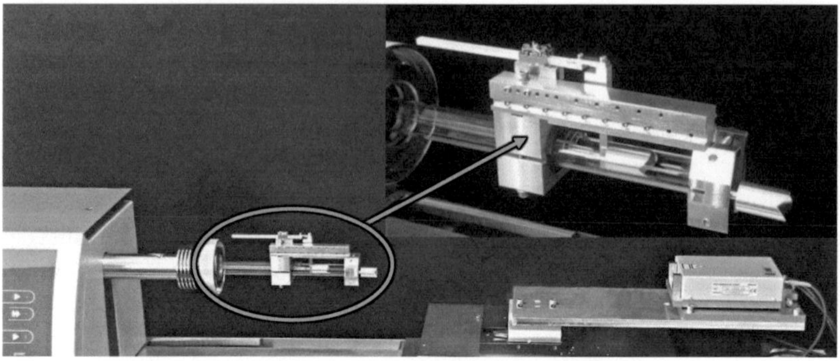

Abb. 40: Versuchsaufbau mit einem modifizierten Dilatometer und Zweistrahlinterferometer [Netz]

Zur Auswertung und Darstellung der Messergebnisse werden die Abweichungen der beiden Wegmesssysteme herangezogen. Die zu jedem Messpunkt bestimmte Standardabweichung wird anhand der durchschnittlichen Summe der einzelnen Standardabweichungen beider Wegmesssysteme berechnet.

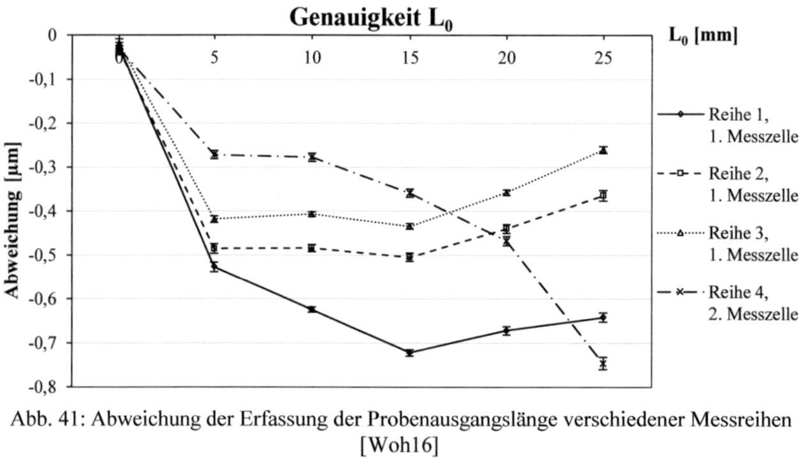

Abb. 41: Abweichung der Erfassung der Probenausgangslänge verschiedener Messreihen [Woh16]

Die Messergebnisse in Abb. 41 zeigen für die Erfassung der Probenausgangslänge bis zu 25 mm insgesamt eine Abweichung kleiner 0,8 µm. Eine gute Wiederholbarkeit der Messreihen zeigt die

Standardabweichung für alle Messpunkte in einem Bereich von ±8 nm bis ±20 nm. Die Erfassung der Probenausgangslänge mit der kraftgesteuerten Messzelle erfolgt daher mit einer geringeren Abweichung (<±0,8 µm) verglichen mit Messabweichungen normaler Messschieber im Bereich von ±20 µm (L_0 < 100 mm) [DIN862], [Mah16], [Woh16].

- Längenänderung von Referenzproben

Die Funktionsfähigkeit der gesamten kraftgesteuerten Messzelle in Bezug auf die Bestimmung der Längenänderung wird durch die Analyse von Referenzproben mit bekannter thermischer Längenänderung untersucht. Hierfür wird eine Referenzprobe aus Platin zwischen Raumtemperatur und 1000 °C mit einer Temperaturänderungsrate von 5 K/min thermisch beeinflusst. Die Messung wird in einem Dilatometer nach [Net16] unter der Verwendung einer Probenhalterung aus Quarzglas und Heliumatmosphäre durchgeführt. In einem weiteren Versuch erfolgt die Messung der Längenänderung von Wolfram. Diese Referenzprobe wird in einem Temperaturbereich von Raumtemperatur bis 1600 °C in einer Probenhalterung aus Aluminiumoxid thermisch beeinflusst. Die weiteren Messbedingungen wie Temperaturänderungsrate und Probenatmosphäre sind mit der Messung der Platinprobe vergleichbar [Net16], [Blu16]. Für die Messungen wird eine konstante Anpresskraft von 0,25 N gewählt.

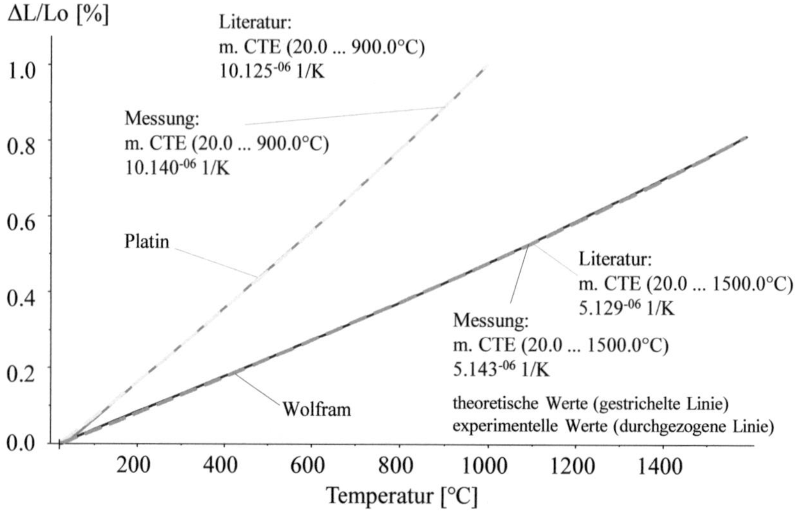

Abb. 42: Thermische Längenänderung von Platin und Wolfram im Vergleich zu Literaturwerten mit Angabe des mittleren Ausdehnungskoeffizienten (m. CTE)[33] nach [DIN51045_1], [Tou75], [Blu16]

Die Auswertung der Versuche ist in Abb. 42 mit einem Vergleich zu Literaturwerten ([DIN51045_1], [Tou75]) dargestellt. Mit geringen Abweichungen deutlich unterhalb 1 % erzielt die kraftgesteuerte Messzelle Ergebnisse im Bereich der Unsicherheit der Ausdehnungswerte des Referenzmaterials [Blu16]. Diese Messungen zeigen, dass die kraftgesteuerte Messzelle zur Bestimmung von Längenänderungen eingesetzt werden kann. Eine direkte Aussage zur Genauigkeit der Messung der Längenänderung ist im Rahmen dieses messtechnischen Nachweises nicht möglich, da unterschiedliche Messabweichungen des Gesamtsystems wirken (siehe Abschnitt 8.2).

- Einfluss der Anpresskraft

Der Einfluss unterschiedlicher Anpresskräfte auf die thermische Längenänderung wird anhand einer weichen Probe (Shore OO < 50)

[33] Nach [ASTM_E228] wird der mittlere Längenausdehnungskoeffizient als „mean coefficient of linear thermal expansion“ (m. CTE) bezeichnet.

verdeutlicht. Derartige Materialien können mit der kraftgesteuerten Messzelle erstmalig vermessen werden. Hierfür wird eine Probe aus Verpackungsschaum von Raumtemperatur bis ca. 65 °C unter Anwendung unterschiedlicher Anpresskräfte (0,01 N, 0,05 N, 0,15 N) erwärmt. Die Messungen werden in einer Probenhalterung aus Quarzglas unter normaler Luftatmosphäre durchgeführt [Woh14].

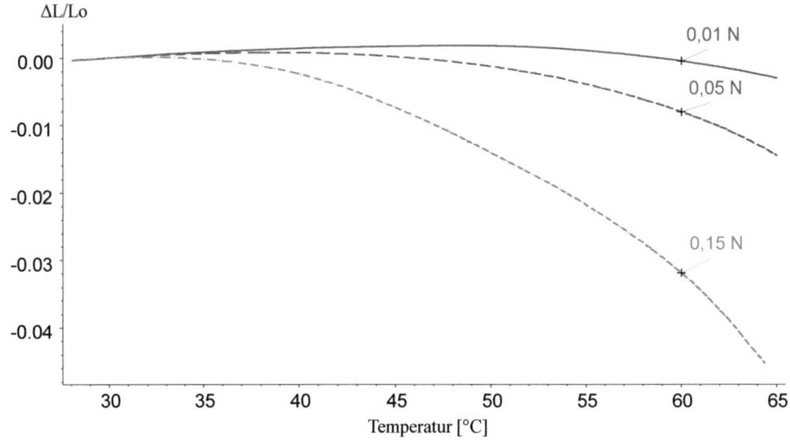

Abb. 43: Einfluss verschiedener Anpresskräfte auf die thermische Ausdehnung einer weichen Probe [Woh161]

Die Auswertung der Messungen (vgl. Abb. 43) stellt die Auswirkung der Anpresskraft auf die thermische Längenänderung und somit die Berechnung des mittleren Ausdehnungskoeffizienten dar. Mit steigender Temperatur beginnt sich das Material auszudehnen. Ab einer gewissen Temperatur erfolgt eine Schrumpfung der Probe aufgrund von Erweichung. Abb. 43 zeigt, dass die Größenordnung und die Starttemperatur der Schrumpfung sehr von der Anpresskraft abhängen [Woh161]. Für die Ermittlung der quantitativen Abweichung ist ein Vergleich zu kraftfrei arbeitenden Dilatometern notwendig. Diese Voraussetzung ist jedoch nicht gegeben.

Ein weiterer messtechnischer Nachweis der kraftgesteuerten Messzelle wird anhand von Versuchen an Porzellanproben im Grünzustand erbracht. Die thermische Längenänderung von Grünkörpern wird bei unterschiedlichen Anpresskräften (0,01 N, 0,20 N, 1,50 N und 3,00 N) untersucht, um den Einfluss der Anpresskraft auf das Schrumpfen während des Sinterprozesses zu ermitteln. Verschiedene Proben mit einer Ausgangslänge von 25 mm werden von Raumtemperatur mit einer Temperaturänderungsrate von 5 K/min bis über 1200 °C erhitzt. Die Messungen erfolgen in Luftatmosphäre mit einer Probenhalterung aus Aluminiumoxid [Blu16].

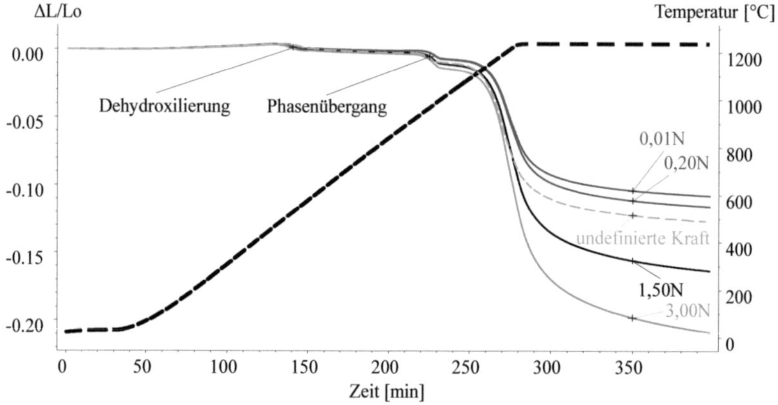

Abb. 44: Sinterverhalten von Porzellan bei verschiedenen Anpresskräften [Woh16]

Die Ergebnisse in Abb. 44 zeigen einen deutlichen Einfluss der Anpresskraft auf das Sinterprofil. Anpresskräfte in einem Bereich von wenigen mN bis zu 3 N führen zu einer abweichenden Schrumpfung von bis zu 100 %. Hohe Anpresskräfte bewirken dabei eine Deformation des Probenmaterials während der Hauptsinterstufe. Somit wird nur bei geringen, konstanten Anpresskräften die thermisch hervorgerufene Schrumpfung erfasst (vgl. Abb. 44). Weiterhin werden strukturelle Effekte wie z. B. die Dehydroxilierung oder Phasenübergänge durch die Anpresskraft beeinflusst [Jas93]. Dies führt zu abweichenden Starttemperaturen als auch unterschiedlich großer Charakteristik der kraftabhängigen Effekte.

Diese Versuche zeigen, dass eine möglichst kleine konstante, definiert beeinflussbare Anpresskraft der Messzelle notwendig ist, um genaue Messergebnisse zu erhalten. Speziell während des Sinterprozesses sind kleine konstante Anpresskräfte erforderlich, denn die thermische Längenänderung wird bereits von geringen Abweichungen beeinflusst (vgl. Abb. 44, Messkurve „undefinierte Kraft“ einer herkömmlichen Messzelle mit einer Krafterzeugung über eine Feder mit unbekannter Federvorspannung) [Woh16].

- Viskoelastische Eigenschaften

Die Erfassung der Anpresskraft sowie deren aktive Regelung durch die kraftgesteuerte Messzelle ermöglichen die Messung von viskoelastischen Eigenschaften. Dadurch können z. B. Kriecheffekte von problematischen Proben, welche bisher nicht messbar waren, erfasst werden. Abb. 45 zeigt die Messung von Kriecheffekten einer Probe aus Styrodur® (BASF).

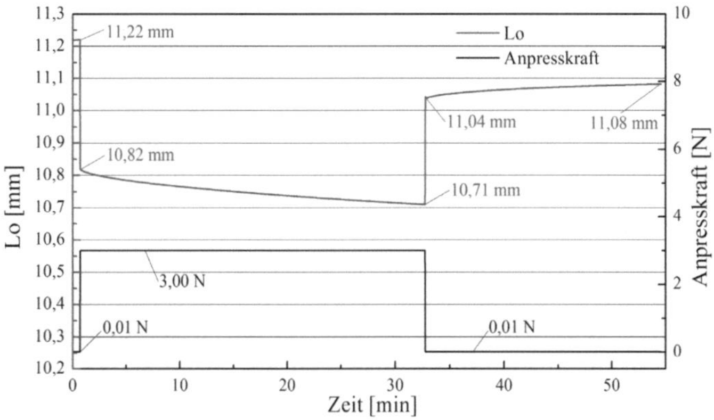

Abb. 45: Kriecheffekt einer Probe aus Isolationsmaterial (Styrodur®, BASF) bei einem Kraftsprung von 10 mN auf 3 N

Ein Kraftsprung von 10 mN auf 3 N zeigt eine sofortige Verminderung der Probenlänge um ca. 0,4 mm. Die konstante Anpresskraft von 3 N über eine halbe Stunde führt zu einer Retardation von ca. 0,1 mm (vgl. Abb. 45) [Woh14].

In Abb. 46 wird die Messung von Kriecheffekten mit der kraftgesteuerten Messzelle an einem Grünkörper dargestellt. Eine 25 mm-Probe zeigt eine sofortige Längenänderung um 9,2 µm bei einer sprunghaften Änderung der

Anpresskraft von 100 mN auf 2 N. Eine konstante Anpresskraft von 2 N über 35 min bei einer Probentemperatur von 38 °C führt zu einer Retardation von ca. 3 % (0,3 µm) [Woh16].

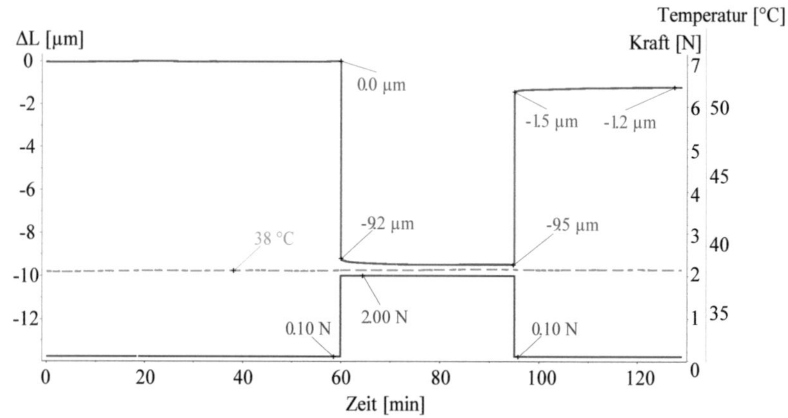

Abb. 46: Kriecheffekt eines Grünkörpers aufgrund eines Kraftsprungs von 0,1 N zu 2 N bei einer Probentemperatur von ca. 38 °C

Die Erfassung der Anpresskraft durch die kraftgesteuerte Messzelle ermöglicht weiterhin die Ermittlung des Elastizitätsmoduls durch das Verhältnis einer Kraft- zu Wegänderung. Für den einachsigen Spannungszustand und linear elastisches Verhalten stellt sich der Zusammenhang anhand folgender Formel dar:

$$E = \frac{\Delta F}{A} \cdot \frac{L_0}{\Delta L} \tag{11}$$

Da es sich bei der Ermittlung des Elastizitätsmoduls um eine zusätzliche Funktionalität der kraftgesteuerten Messzelle außerhalb des klassischen Anwendungsbereichs der Dilatometrie handelt (siehe Definition in Abschnitt 3.1), wird auf einen messtechnischen Nachweis zur Ermittlung des Elastizitätsmoduls anhand Formel (11) verzichtet.

8.2 Messunsicherheitsbetrachtung

Dieser Abschnitt dient der Analyse von Einflussgrößen auf die Messunsicherheit. Auf Basis einer Gesamtbetrachtung einer Dilatometermessung werden alle Einflussgrößen erfasst und entsprechend des Messunsicherheitsbudgets kategorisiert. Ziel dieses Abschnitts ist es, einzelne Einflussgrößen durch den Aufbau gezielter Versuchsanordnungen quantitativ zu ermitteln, zu diskutieren und hinsichtlich ihrer Gesamtauswirkung zu bewerten.

8.2.1 Messabweichungen

Bei jeder Messung existiert eine Messabweichung. Der Grund hierfür liegt zum einen in der Unvollkommenheit der Messeinrichtung bzw. der Messmethode, aber auch in wechselnden Umwelteinflüssen sowie Abweichungen bestimmter Eigenschaften der Probe oder Bedienereinflüsse. Die verschiedenen Messabweichungen werden in systematische, welche regelmäßig bei wiederholten Messungen auftreten, jedoch nicht immer vermeidbar sind, und zufällige Abweichungen gegliedert. Zufällige Messabweichungen sind nicht einzeln zu erfassen und werden durch nicht erkennbare und beeinflussbare Änderung des Messgeräts oder der Probe wie Abnutzung, Reibung bzw. Verschleiß verursacht. Die Zuordnung zu Fehlerursachen ist dabei nicht immer zweifelsfrei möglich [Hof04], [Kie08], [Gro97].

Zur Darstellung der Einflussgrößen auf die gesamte Messabweichung einer Dilatometermessung wird ein Ishikawa-Diagramm herangezogen [Kra00]. Abb. 47 zeigt eine Einteilung der Einflussgrößen strukturiert nach deren Ursache bzw. Wirkungsort. Die einzelnen auf die Messabweichung wirkenden Einflussgrößen werden dabei der kraftgesteuerten Messzelle, der Temperiereinheit, der Probe mit Probenraum, der Umgebung sowie dem Bediener zugeordnet.

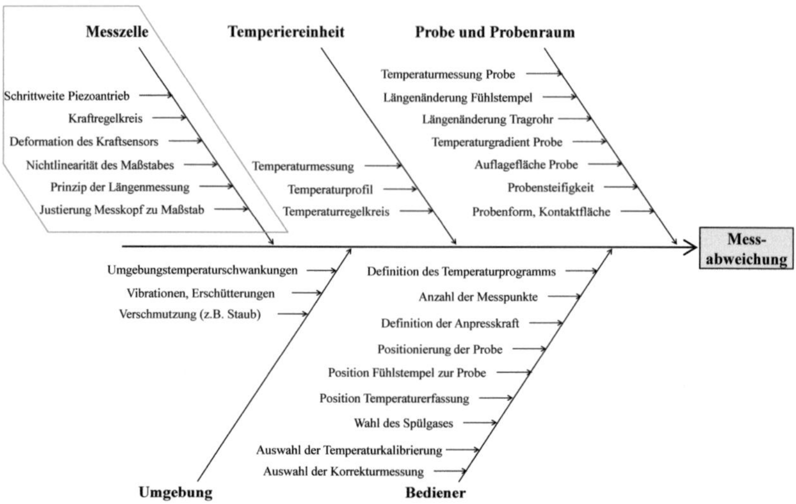

Abb. 47: Verschiedene Einflussgrößen auf eine Dilatometermessung nach [Gor84], [Hoh11], [Höl16], [Müh06], [Tie07], [Wil05], [Dür93]

In Abb. 47 werden innere Einflussgrößen, welche im Messgerät selbst entstehen (z. B. Temperaturprofil der Temperiereinheit oder Deformation des Kraftsensors), und äußere Einflussgrößen, welche das Messgerät bzw. den Messeffekt beeinträchtigen, dargestellt [Kie08]. Eine wesentliche Ursache für Messabweichungen sind Umwelteinflüsse bzw. Umgebungseinflüsse auf die Messeinrichtung [Müh06]. Nach Abb. 47 stören vor allem Schwankungen der Umgebungstemperatur, Vibrationen bzw. Erschütterungen als auch Verschmutzung die Erfassung des Messsignals. Der Bediener beeinflusst die Messabweichung beispielsweise durch die Wahl und Durchführung der Referenzmessung, die Vorbereitung sowie Positionierung der Probe als auch durch die Definition der Anpresskraft und des Temperaturprogrammes. Die Auswahl der Werkstoffe für die Probenhalterung sowie die Art der Gasversorgung nehmen Einfluss auf den Messverlauf. Weiterhin führen Abweichungen all dieser Messbedingungen zwischen Proben- und Referenzmessung zur Unvollkommenheit der Durchführung der Messung [Hoh11]. Unterschiede der geometrischen Abmessungen sowie die Form der Probe als auch der Referenzprobe, bedingt durch die Probenvorbereitung, beeinträchtigen ebenfalls die Messabweichung. Der Werkstoff sowie die

Geometrie der Probenhalterung beeinflussen sowohl die Einflussgröße der Längenänderung des Fühlstempels und Tragrohrs als auch den Temperaturgradienten über der Probe (vgl. Abb. 47) [Gor84]. In Abhängigkeit von der Wahl der Temperiereinheit stören Einflussgrößen wie das Temperaturprofil, die Temperaturerfassung sowie der darauf aufbauende Temperaturregelkreis die Messung.
Das physikalische Prinzip des ausgewählten Wegmesssystems hat einen erheblichen Einfluss auf die Messabweichung der kraftgesteuerten Messzelle. Neben allgemeinen thermischen Einflüssen durch die Umgebung, welche durch Erwärmung z. B. den Maßstab verändern oder die Elektronik beeinflussen, wirken mechanische Einflüsse wie Erschütterung oder Vibrationen ebenfalls auf die Messzelle. Weiterhin sind Einflussgrößen auf innere Ursachen während des Betriebs der kraftgesteuerten Messzelle selbst zurückzuführen. Beispielhaft sind die Deformation des Kraftsensors durch die Anpresskraft, Vibrationen aufgrund der Antriebsbewegung bzw. die Verlustleistung der LED des optischen Encoders zu nennen [Hac10]. Ein inkrementales Wegmesssystem wird nach [Dür93] durch Teilungsabweichung des Maßstabs[34], Lageabweichungen bzw. Justierabweichungen des Messkopfs zum Maßstab beeinflusst (vgl. Abb. 47). Zusätzlich können im Messbetrieb positionsabhängige Abweichungen wie Relativverschiebungen und –drehungen zwischen Maßstab und Messkopf auftreten. Weiterhin hat eine ungleiche Beleuchtung bzw. Fremdlicht sowie die Alterung der Lichtquelle Auswirkungen auf den fotoelektrischen Wandler. Der Kraftregelkreis bzw. die Regelabweichung werden durch die Schrittweiten des Piezoschreitantriebs sowie auf die Regelstrecke wirkende Störungen (Spiel bzw. Reibung) beeinflusst (vgl. Abb. 36).
Zusammenfassend ist zu erkennen, dass die kraftgesteuerte Messzelle mit deren einzelnen Einflussgrößen Teil eines komplexen Systems an Messabweichungen ist. Eine genaue Abgrenzung der Ursache und somit Ermittlung einzelner Auswirkungen ist daher in der Praxis nur mit sehr hohem experimentellen Aufwand umsetzbar. Weiterhin ist aufgrund der teilweise gegenseitigen bzw. mehrfachen Beeinflussung der Einflussgrößen (z. B. Umgebungstemperaturschwankungen) eine Quantifizierung der einzelnen

[34] Nach [Dür93] werden Teilungsabweichungen in Einzel- und Summenteilungsabweichungen unterschieden.

Messabweichungen als schwierig zu bewerten. Im Folgenden wird daher die Berechnung der Messunsicherheit einer Dilatometermessung aufgezeigt und einzelne Beiträge der kraftgesteuerten Messzelle näher untersucht.

8.2.2 Berechnung der Messunsicherheit

Die in Abb. 47 strukturierten Einflussgrößen und deren Messabweichungen auf die Dilatometermessung werden in diesem Abschnitt anhand einer Messunsicherheitsberechnung nach GUM betrachtet. Bei der Berechnung der Messunsicherheit werden hierbei alle Einflussgrößen mit Hilfe der Methoden der Ausgleichsrechnung und Statistik zusammengefasst. Die Messunsicherheit charakterisiert einen Wertebereich, welcher der Messgröße aufgrund der über die Messung vorhandenen Kenntnisse vernünftigerweise zugeordnet werden kann. Die Messunsicherheit wird dem Messwert beigeordnet und ermöglicht die Angabe eines vollständigen Messergebnisses. In den überwiegenden Fällen wird eine erweiterte Messunsicherheit mit k=2 angegeben. Im Folgenden wird die Berechnung der Messunsicherheit des mittleren thermischen Ausdehnungskoeffizienten beschrieben [DIN13005], [Gro97], [TUC09].
Die Messunsicherheit voneinander unabhängiger Messwerte wird nach dem Unsicherheitsfortpflanzungsgesetz berechnet [DIN13005], [Müh06], [Kie08]:

$$u(\overline{\alpha})=\sqrt{\sum_{i=1}^{n}\left(\frac{\partial\overline{\alpha}}{\partial\overline{\alpha}_i}\right)^2\cdot u_{\overline{\alpha}_i}^2} \tag{12}$$

Die Standardunsicherheit eines Kennwerts (z. B. L_0) wird über die Standardabweichung berechnet [Gro05], [Bel99]:

$$u(L_0)=\frac{1}{\sqrt{n}}\cdot\sqrt{\frac{1}{n-1}\cdot\sum_{i=1}^{n}(L_{0i}-\overline{L_0})^2} \tag{13}$$

Die detaillierte Berechnung der Messunsicherheit des mittleren

Längenausdehnungskoeffizienten wird durch Anwendung von Formel (12) auf die Berechnung der Formel (8) angewendet.

$$u(\overline{\alpha})=\sqrt{\left(\frac{1}{T-T_0}\right)^2\cdot u^2\left(\frac{\Delta L}{L_0}\right)+\left(\frac{\Delta L}{L_0}\cdot\frac{1}{(T-T_0)^2}\right)^2\cdot u^2(T-T_0)} \quad (14)$$

Die Messunsicherheit $u\left(\frac{\Delta L}{L_0}\right)$ wird anhand Formel (15) berechnet, welche sich aus Formel (7) im Abschnitt 4.4 unter Einhaltung der farblichen Kennzeichnung ergibt.

$$\frac{\Delta L}{L_0}=\frac{1}{L_{0,P}}\cdot[\Delta l_P-\Delta l_R+\Delta l_{Lit}+(L_{0,P}-L_{0,R})\cdot\alpha_{Lit}\cdot(T-T_0)] \quad (15)$$

$$u\left(\frac{\Delta L}{L_0}\right)=\sqrt{\begin{aligned}&\left(\frac{1}{L_{0,P}}\right)^2\cdot u^2(\Delta l_P)+\left(\frac{1}{L_{0,P}}\right)^2\cdot u^2(\Delta l_R)+\left(\frac{1}{L_{0,P}}\right)^2\cdot u^2(\Delta l_{Lit})\\&+\left\{\left(\frac{1}{L_{0,P}}\right)^2\cdot[\Delta l_P-\Delta l_R+\Delta l_{Lit}-L_{0,R}\cdot\alpha_{Lit}\cdot(T-T_0)]\right\}^2\cdot u^2(L_{0,P})\\&+\left(\frac{1}{L_{0,P}}\cdot\alpha_{Lit}\cdot(T-T_0)\right)^2\cdot u^2(L_{0,R})\\&+\left(\frac{1}{L_{0,P}}\cdot(L_{0,P}-L_{0,R})\cdot(T-T_0)\right)^2\cdot u^2(\alpha_{Lit})\\&+\left(\frac{1}{L_{0,P}}\cdot(L_{0,P}-L_{0,R})\cdot\alpha_{Lit}\right)^2\cdot u^2(T-T_0)\end{aligned}} \quad (16)$$

Durch den Einsatz der kraftgesteuerten Messzelle wird neben der Längenänderung auch die Ausgangslänge der Probe automatisch erfasst. Die in Formel (15) und (16) farblich dargestellten Messunsicherheiten hängen somit von folgenden Komponenten ab:

- Längenmessung (kraftgesteuerte Messzelle)
- Temperaturmessung (Thermoelement, vgl. Tab. 4)
- Ausdehnungstabelle Referenzprobe (Herstellerangaben)
- Längenausdehnungskoeffizient Probenhalterung (Herstellerangaben, vgl. Tab. 3)

Die Messunsicherheit der kraftgesteuerten Messzelle sowie deren einzelne Einflussfaktoren werden im folgenden Abschnitt 8.2.3 experimentell mit Versuchsaufbauten und unter der Nutzung eines Interferometers ermittelt.
Die Literaturwerte des Ausdehnungsverhaltens der Referenzproben weisen nach [DIN51045_1] Unsicherheiten in einem Bereich von ca. 1 - 4 %[35] auf. Der Längenausdehnungskoeffizient der Probenhalterung wird von Herstellerseite bezüglich der Messunsicherheit nicht spezifiziert. Dieser Messwert verändert sich über die Lebensdauer in Abhängigkeit von der thermischen Beanspruchung. Diese Einflussgröße wirkt nur bei unterschiedlichen Ausgangslängen von Probe und Referenzprobe. Die Unsicherheit wird durch eine Streuung verschiedener Hersteller mit bis zu 10 % abgeschätzt [Netz]. Die Unsicherheiten der Temperaturmessung betragen je nach eingesetztem Thermoelementtyp mindestens 4,5 K bzw. bis zu 1 % vom aktuellen Temperaturmesswert (vgl. Tab. 4, Typ D). Die Ermittlung des mittleren Längenausdehnungskoeffizienten bezieht sich jedoch auf eine Temperaturdifferenz und somit ist nur die relative Messunsicherheit in der Größenordnung von ca. 0,1 K zu betrachten [Netz].
Die Darstellung der Einflussgrößen (vgl. Abb. 47) sowie die Berechnung der einzelnen Messunsicherheiten nach Gleichung (14) und (16) kann ebenfalls über eine GUM-Workbench[36] dargestellt werden.
Die Gesamtunsicherheit bei der Bestimmung des mittleren Längenausdehnungskoeffizienten ($u(\overline{\alpha})$ vgl. Formel (14)) mit etablierten Dilatometern (vgl. Kapitel 4) liegt nach einer Untersuchung von [Fit71] unter 16 Laboratorien im Durchschnitt bei ca. $50 \cdot 10^{-8}$ 1/K [Gor84].

[35] Unsicherheit bei einem Vertrauensniveau von 95 % [DIN51045_1].

[36] Kommerziell verfügbare Software der Firma Metrodata GmbH zur Ermittlung der Unsicherheit beim Messen nach GUM (Guide to the expression of Uncertainty in Measurement).

8.2.3 Experimentelle Untersuchungen zur Messunsicherheit

Dieser Abschnitt dient der Ermittlung der durch die kraftgesteuerte Messzelle hervorgerufenen Messabweichungen sowie deren Quantifizierung. Hierfür werden einzelne Versuchsaufbauten entwickelt, um angefangen beim Wegmesssystem den Aufbau über den Kraftsensor zum Kraftregelkreis zu erweitern.

- Inkrementales Wegmesssystem

Die Ermittlung der Einflussgrößen des inkrementalen Wegmessprinzips erfolgt durch einen Vergleich mit einem höherwertigen Messmittel (Interferometer) nach [SIO12]. Die aus diesem Versuch ermittelten Abweichungen der Wegmesssysteme zeigen den Einfluss des linear inkrementalen Wegmesssystems auf die kraftgesteuerte Messzelle. Die Restabweichung des Interferometers ist durch einen Versuchsaufbau mit Referenzstrahl und der relativen Messung der Längenänderungen insgesamt vernachlässigbar. Dieser Gesamteinfluss entspricht der Summe aus der Nichtlinearität bzw. den Teilungsabweichungen des Maßstabs sowie Interpolationsabweichungen. Der schematische Versuchsaufbau ist in Abb. 48 dargestellt.

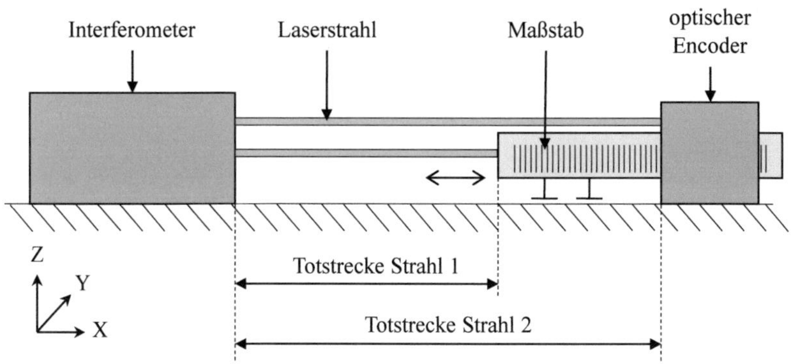

Abb. 48: Schematischer Versuchsaufbau zur Ermittlung der Einflussgrößen des inkrementalen Wegmesssystems [Höl16]

Eine detaillierte Beschreibung der einzelnen Komponenten, eliminierte Messabweichungen durch den Versuchsaufbau sowie die Versuchsdurchführung sind dem Anhang A5 zu entnehmen.
Die Versuchsdurchführung beinhaltet jeweils fünf Messreihen und die Analyse von drei baugleichen inkrementalen Wegmesssystemen (System 1-3). Die Messpunkte sind in 5 mm-Schritten gleichmäßig über den Messbereich von 50 mm verteilt. Diese Positionen werden über einen externen Piezoschreitantrieb angefahren. Durch Export der Messdaten der unterschiedlichen Wegmesssysteme und das Zusammenfügen in einer gemeinsamen Excel-Tabelle wird die Differenz der Mittelwerte der Versuchsreihen für beide Messsysteme ausgewertet.

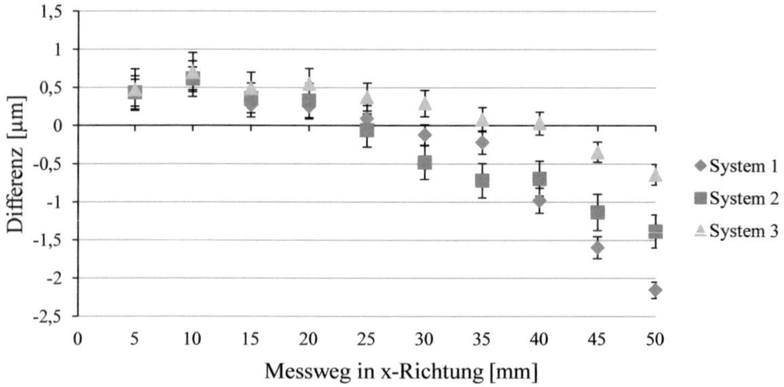

Abb. 49: Differenz der Mittelwerte von inkrementalen Wegmesssystemen und Interferometer [Höl16]

Die Auswertung nach Abb. 49 stellt die Differenzen der Wegmesssignale mit angetragener Standardabweichung dar. Die Abweichung über den gesamten Messbereich von 50 mm liegt im Bereich von ±0,7 µm bis ±1,5 µm. Die relative Messabweichung des inkrementalen Wegmesssystems als Summe von verschiedenen Einflussgrößen ist daher mit $3 \cdot 10^{-5}$ abzuschätzen. Die Standardabweichung der Mittelwerte in einem Bereich von etwa ±0,2 µm zeigt eine gute Reproduzierbarkeit der Messergebnisse und liegt im Bereich der Positionsabweichung pro Signalperiode[37].

[37] Typische Positionsabweichungen je Signalperiode bei einer Teilung von 20 µm liegen bei ±0,2 µm [Hei11].

- Untersuchung des Einflusses der kraftgesteuerten Messzelle im Kraftregelbetrieb

Weitere Einflussgrößen wie die Regelabweichung des Kraftregelkreises sowie der Einfluss des Piezoantriebs werden ebenfalls experimentell ermittelt. Dafür wird der Versuchsaufbau aus dem vorherigen Abschnitt erweitert, sodass alle Komponenten der kraftgesteuerten Messzelle berücksichtigt werden.

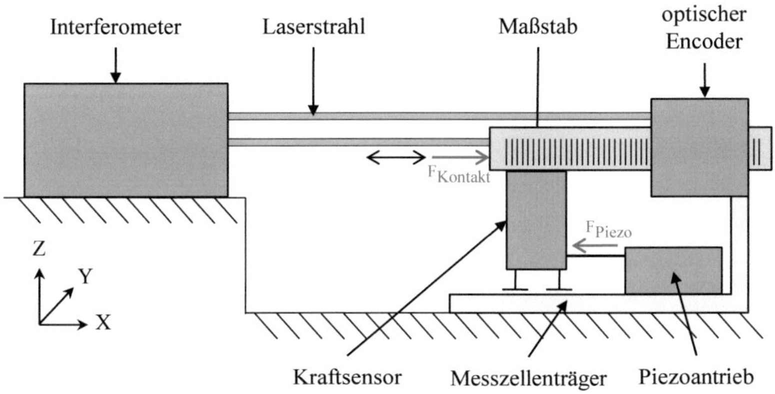

Abb. 50: Schematischer Aufbau zur Ermittlung der Einflussgrößen der kraftgesteuerten Messzelle [Netz]

Neben dem Einfluss des inkrementalen Wegmesssystems werden in diesem Versuchsaufbau (vgl. Abb. 50) zusätzliche Einflussgrößen berücksichtigt. Eine detaillierte Beschreibung der einzelnen Komponenten des Versuchsaufbaus sowie die Versuchsdurchführung sind dem Anhang A6 nach [Höl16] zu entnehmen.

Die Bewegungsachse der Führung weist durch den Kraftsensor einen Höhenunterschied in z-Richtung zur Messachse auf. Somit werden Messabweichungen durch die resultierende Verkippung und Verschiebung aller im Kraftkreis enthaltenen Komponenten aufgrund der wirkenden Anpresskräfte berücksichtigt. Mit einer Versuchsdurchführung im aktiven Regelbetrieb enthält dieser Versuch ebenso die Einflüsse des Kraftregelkreises. Weiterhin werden Auswirkungen der Schrittweiten des Piezoschreitantriebs bzw. dessen Regelverhalten berücksichtigt.

Die Versuchsdurchführung orientiert sich zur Vergleichbarkeit der Messergebnisse an dem vorangegangenen Versuch. Die Messpunkte werden über einen externen Piezoantrieb in x-Richtung angefahren und entsprechend dem vorherigen Versuch werden fünf Messreihen durchgeführt (vgl. Anhang A6).
Durch Differenzbildung der beiden Signale von Interferometer und inkrementalem Wegmesssystem ist auf die Gesamtheit der durch die kraftgesteuerte Messzelle hervorgerufenen Messabweichungen zurückzuschließen.

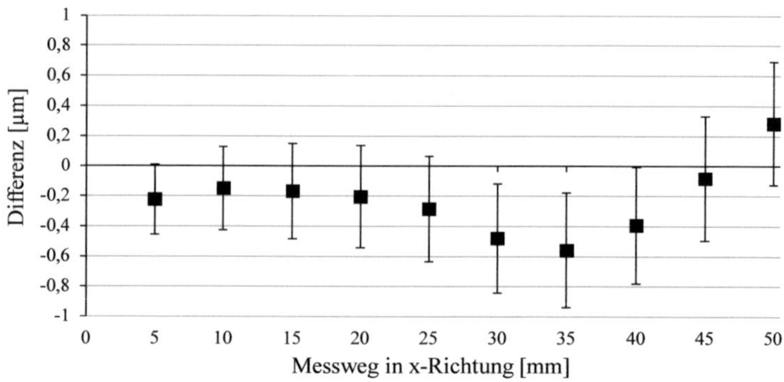

Abb. 51: Abweichung der Signale der beiden Wegmesssysteme [Höl16]

Die Auswertung der Wegmesssignale zeigt Abb. 51 als Differenzen mit angetragener Standardabweichung. Die Abweichung der Wegmesssignale liegt bis zu einem Messweg von 25 mm in einem nahezu linearen Bereich von 0,25 µm. Bei größeren Messwegen ist eine Veränderung der Signaldifferenzen mit wechselnden Richtungen zu erkennen. Dies ist durch elastische Verformungen der Führung und der daraus folgenden Winkelabweichung der Leitgeraden zu erklären, welche nicht näher betrachtet werden. Insgesamt liegt die Streuung aller Messwerte im Bereich der größten Standardabweichung einer einzelnen Messposition. Die Abweichung der kraftgesteuerten Messzelle gegenüber der Längenänderung des Interferometers liegt im Mittel kleiner 0,6 µm über den gesamten Messbereich von 50 mm. Es wurden Standardabweichungen in einem Bereich von ±0,20 µm bis zu ±0,35 µm erreicht. Die relative Messabweichung der kraftgesteuerten Messzelle inklusive Beachtung der Standardabweichung ist daher mit kleiner $2 \cdot 10^{-5}$ abzuschätzen. Die Gesamtwirkung aller Einflussgrößen der Messzelle im Kraftregelbetrieb ist somit geringer als der Größeneinfluss einzelner Komponenten (vgl. Abb. 49).

- Untersuchung der Höhenverschiebung des Kraftsensors

Die experimentelle Ermittlung der Höhenverschiebung des Kraftsensors und des damit verbunden Maßstabs in Abhängigkeit der Anpresskraft erfolgt durch einen weiteren Versuchsaufbau nach Abb. 52.

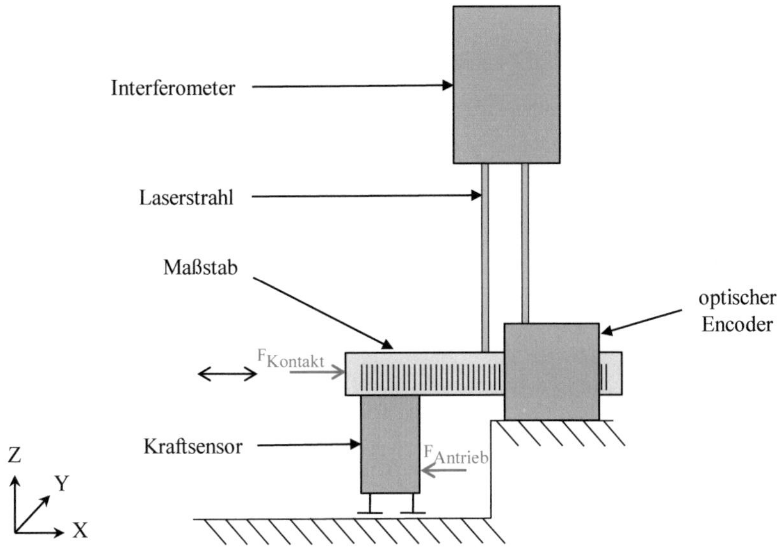

Abb. 52: Schematischer Versuchsaufbau zur Ermittlung der Höhenverschiebung der Kraftmesszelle [Höl16]

Ziel des Versuchs ist ein Nachweis, dass die vorgegebenen Toleranzen des inkrementalen Messsystems in z-Richtung eingehalten werden. Hierfür werden die Strahlen des Interferometers in z-Richtung senkrecht zur Messachse angeordnet und die Reflektoren über den Klemmadapter am Maßstabsträger sowie gestellfest vergleichbar mit dem optischen Encoder

angebracht. Eine detaillierte Beschreibung der experimentellen Untersuchung ist dem Anhang A7 zu entnehmen.
Die Versuchsdurchführung beinhaltet drei Messreihen und die Analyse von drei unterschiedlichen Positionen des Kraftsensors (x-Position 0 mm, 25 mm, 50 mm). Dabei werden jeweils acht Messpunkte mit Kontaktkräften in einem Bereich von 0,015 N bis 3,15 N untersucht.
Durch Differenzbildung der beiden Signale vom Interferometer kann die Deformation des Kraftsensors in z-Richtung ermittelt werden. Die Verkippung des Kraftsensors im Sub-Winkelsekunden-Bereich ist vernachlässigbar [Kra04]. Abb. 53 zeigt die Höhenverschiebung des Maßstabs in Abhängigkeit der Kontaktkraft.

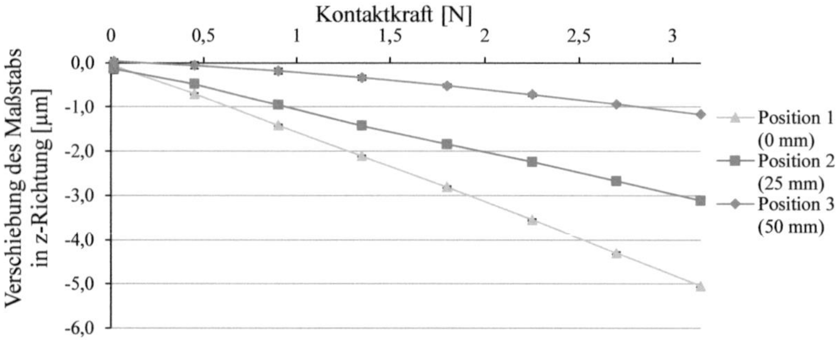

Abb. 53: Verschiebung des Maßstabs in z-Richtung in Abhängigkeit der Anpresskraft [Höl16]

Abb. 53 zeigt eine annähernd lineare Abhängigkeit der Höhenbewegung des Maßstabs von der Kontaktkraft. Weiterhin ist die Ausprägung der Verschiebung in z-Richtung von der Messposition abhängig. Hierbei weisen die Messergebnisse der Position 1 (x-Position 0 mm) mit einem Maximalwert von 5,2 µm die größten Verschiebungen auf. Die Standardabweichungen bewegen sich bei allen Messpunkten in einem Bereich von etwa 0,02 µm bis 0,07 µm.
Die Versuchsergebnisse zeigen, dass die geforderten Einbautoleranzen des inkrementalen Wegmesssystems mit z-Verschiebungen von ± 0,1 mm eingehalten werden [NUM13].
Die z-Verschiebung des Maßstabs führt zu einem Messfehler 2. Ordnung in x-Richtung. Mit einem Abstand der Probe zum optischen Encoder von

ca. 500 mm ergibt sich bei einer z-Verschiebung von 5 µm nach [Kra00] eine vernachlässigbare Abweichung von 0,03 nm in Bezug auf die Längenmessung in x-Richtung.

- Ergebnis

Aus der eingangs diskutierten Übersicht wirkender Einflussgrößen wurden nachfolgend die Messabweichungen des Wegmesssystems und der kraftgesteuerten Messzelle in ihrer Gesamtheit experimentell untersucht.
Insgesamt wurden Abweichungen der Wegmessung in x-Richtung von kleiner 0,6 µm über den gesamten Messbereich von 50 mm ermittelt. Unter Berücksichtigung der Standardabweichung ist für die Erfassung der Längenänderung und der Ausgangslänge durch die kraftgesteuerte Messzelle mit relativen Messabweichungen kleiner $2\cdot 10^{-5}$ zu rechnen.
Die Berechnung der Messunsicherheit zur Angabe eines vollständigen[38] Messergebnisses wurde in Abschnitt 8.2.2 aufgezeigt. Die darin einfließenden Unsicherheitsfaktoren der Längenänderungsmessung $u(\Delta l_i)$ und der Ausgangslängenmessung $u(L_{0,i})$ können durch den Einsatz der kraftgesteuerten Messzelle im Vergleich zu etablierten Systemen deutlich reduziert werden. Die gesamte relative Messabweichung der kraftgesteuerten Messzelle unter $2\cdot 10^{-5}$ liegt deutlich unterhalb einzelner Messabweichungen eines LVDT, welcher in Systemen nach dem Stand der Technik zur Ermittlung der Längenänderung eingesetzt wird. Die Messung der Probenausgangslänge mittels eines Messschiebers mit Messabweichungen im Bereich von $1\cdot 10^{-3}$ (±20 µm bei L_0=25 mm, [DIN862]) ohne definierte Anpresskraft wird durch die kraftgesteuerte Messzelle um zwei Größenordnungen ebenfalls deutlich verbessert.
Die experimentellen Untersuchungen zeigen, dass die Verschiebung des Maßstabs in z-Richtung aufgrund der Deformation des Kraftsensors innerhalb der Toleranz des eingesetzten Wegmesssystems liegt und der dadurch auftretende Fehler 2. Ordnung auf die Wegmessung vernachlässigbar ist.
Tab. 21 fasst die im Rahmen dieser Arbeit dargestellten experimentellen Untersuchungen zusammen. Die gelisteten Versuche werden der Ermittlung

[38] Das vollständige Messergebnis besteht nach [DIN1319_1], [DIN1319_3] bzw. [Müh06] aus dem Messwert und der zugeordneten Unsicherheit.

von Messabweichungen, Kennwerten sowie dem messtechnischen Nachweis zugeordnet.

Tab. 21: Zusammenfassung der experimentellen Untersuchungen

Versuchszweck	**Anzahl der Messungen**	**Anzahl der Messpositionen**	**Ergebnis**
Einfluss der Anpresskraft auf die Probenausgangslänge	5	8	Abweichungen bis zu 5 % (bei 3 N, Styrodur®).
Abweichung der Probenlängenerfassung	4 x 10	5	Abweichung kleiner 0,8 µm bei Probenausgangslänge bis zu 25 mm.
Messung der Längenänderung im Vergleich zu Literaturwerten	4	kontinuierliche Datenerfassung	Funktionsfähigkeit der kraftgesteuerten Messzellen wird mit geringen Messabweichungen unterhalb 1 % nachgewiesen.
Einfluss der Anpresskraft auf die Längenänderung	8	kontinuierliche Datenerfassung	Kraftabhängigkeit der thermischen Längenänderung wird an zwei Materialien nachgewiesen.
Messung von Kriecheffekten	2	kontinuierliche Datenerfassung	Nachweis erfolgte an zwei Materialien nach veränderter Anpresskraft.
Einfluss des inkrementalen Wegmesssystems	3 x 5	10	Die relative Messabweichung des inkrementalen Wegmesssystems als Summe von verschiedenen Einflussgrößen ist mit $3 \cdot 10^{-5}$ abzuschätzen.
Einfluss der Messzelle im Kraftregelbetrieb	5	10	Messabweichung der kraftgesteuerten Messzelle liegt im Mittel kleiner 0,6 µm über den gesamten Messbereich von 50 mm; die relative Messabweichung der kraftgesteuerten Messzelle wird kleiner $2 \cdot 10^{-5}$ abgeschätzt.
Einfluss der Verschiebung in z-Richtung	3 x 3	8	Höhenverschiebung innerhalb der Toleranz des inkrementalen Wegmesssystems. Die Messabweichung in x-Richtung ist vernachlässigbar (< 0,03 nm).
Funktionstest zur Wegerfassung	1	kontinuierliche Datenerfassung	Inkrementales Messsystem zur Wegerfassung in Dilatometern geeignet.
Funktionstest zur Krafterzeugung	2	kontinuierliche Datenerfassung	Piezoschreitantrieb zur Erzeugung der Anpresskraft in Dilatometern geeignet.

8.3 Charakteristische Eigenschaften

Ziel dieses Abschnitts ist die Darstellung und Diskussion charakteristischer Eigenschaften der entwickelten kraftgesteuerten Messzelle. Anhand der Merkmale bzw. Kennzahlen zur Beschreibung einer Dilatometermesszelle erfolgt ein direkter Vergleich der kraftgesteuerten Messzelle mit etablierten Messzellen. Tab. 22 fasst die charakteristischen Eigenschaften der kraftgesteuerten Messzelle aus Kapitel 8 zusammen. Die Merkmale des Vergleichs sowie die dargestellten Daten etablierter Messzellen basieren auf Abschnitt 4.5.

Tab. 22: Eigenschaften der kraftgesteuerten Messzelle im Vergleich [DIN862], [Net16] [Netz]

Messzelle	kraftgesteuerte Messzelle	etablierte Messzelle
Längenerfassung	inkrementales Wegmesssystem	LVDT
Messbereich der Längenänderung	50 mm	5 mm
Auflösung der Längenänderung (nach elektronischer Verarbeitung)	0,10 nm	1,25 nm
Unsicherheit der Längenänderung	$\sim 2 \cdot 10^{-5}$	$\sim 4 \cdot 10^{-4}$
Erfassung der Anpresskraft	Erfassung über Kraftsensor	keine Erfassung
Konstanz der Anpresskraft	definierbar (Regelabweichung ± 0,25 mN)	nicht konstant, da Veränderung der Federvorspannung
Einstellung der Anpresskraft	elektronisch / softwaregesteuert	manuelle Verstellung der Federvorspannung
Kraftbereich	0,01 N – 3,00 N	0,15 N – 0,45 N
Reibungseinfluss auf Probe	im Rahmen des Kraftregelkreises eliminiert	Führungsreibung
unterschiedliche Ausgangslängen	Messbereich ausreichend	verschiedene Fühlstempellängen bzw. Verlängerungsstücke
Messung der Ausgangslänge	automatisch über inkrementales Wegmesssystem	manuell über Messschieber
Unsicherheit der Ausgangslänge	$\sim 2 \cdot 10^{-5}$	$\sim 1 \cdot 10^{-3}$

Das Entwicklungsziel der kraftgesteuerten Messzelle ist die Lösung der im Handlungsbedarf definierten Defizite etablierter Systeme. Folgende Vorteile werden durch die Entwicklung der Messzelle erreicht (vgl. Tab. 22):

- Erweiterung des Messbereichs und der Auflösung

Der Einsatz eines linear inkrementalen Wegmesssystems ermöglicht die Erweiterung des Messbereichs für Längenänderungen bis zu 50 mm bei einer gleichzeitig verbesserten Auflösung von 0,1 nm nach elektronischer Verarbeitung. Weiterhin wird durch die Verwendung eines Wegmesssystems ohne notwendige Kalibrierung die Servicefreundlichkeit erhöht.

- konstante bzw. beeinflussbare Anpresskräfte

Die Gegenüberstellung in Tab. 22 zeigt ebenfalls, dass durch die Erfassung der Anpresskraft und deren Regelung im Unterschied zu etablierten Systemen konstante Anpresskräfte auf die Probe wirken und eine Vorgabe der Anpresskraft mittels elektronischer Einstellung im Bereich von 0,01 N bis 3,00 N ermöglicht wird. Geringe Anpresskräfte von minimal 10 mN erweitern den Applikationsbereich für weiche Proben wie z. B. Schäume. Neben der kraftabhängigen Bestimmung des thermischen Ausdehnungskoeffizienten ermöglicht die gezielte Veränderung der Anpresskraft zusätzlich die Ermittlung weiterer Kennwerte wie z. B. viskoelastische Eigenschaften aus dem Bereich der DMA.

- reibungsfreie Bewegung des Fühlstempels

Die Reibungseinflüsse der Wälzführung etablierter Systeme werden bei der kraftgesteuerten Messzelle im Rahmen des Kraftregelkreises eliminiert.

- Erweiterung des Arbeitsbereichs für alle denkbaren Probenausgangslängen

Durch die Auswahl von Komponenten mit linear erweiterbarem Arbeitsbereich (inkrementales Wegmesssystem, Piezoschreitantrieb und Wälzführung) stellt die kraftgesteuerte Messzelle einen derart großen Messbereich zur Verfügung, dass Proben unterschiedlicher Ausgangslängen ohne den Austausch von Fühlstempeln bzw. anderen Umbaumaßnahmen analysiert werden können.

- automatische Erfassung der Probenausgangslänge

Die Erweiterung des Messbereichs durch das inkrementale Wegmesssystem erlaubt neben der Erfassung der thermisch induzierten Längenänderung auch die automatische Erfassung der Probenausgangslänge. Der Bedienereinfluss durch eine manuelle Bestimmung der Ausgangslänge mittels Messschieber wird daher eliminiert und die Unsicherheit stark gesenkt (vgl. Tab. 22).

9 Zusammenfassung und Ausblick

Die vorliegende Arbeit leistet einen wissenschaftlichen Beitrag zur Weiterentwicklung der Messgeräte im Bereich der Dilatometrie. Ausgangspunkt der Betrachtung bilden die Vermittlung der grundlegenden Funktionsweise eines Dilatometers und die Betrachtung eines typischen Geräteaufbaus. Im Rahmen des Standes der Technik erfolgt eine Analyse der Funktionsschemata sowie der funktionellen Komponenten bestehender Messzellen im Bereich der Dilatometrie und angrenzender thermischer Analysemethoden. Hierbei können wesentliche Defizite bestehender Dilatometermesszellen identifiziert werden.
Der Analyse schließt sich die Definition der Anforderungen für eine kraftgesteuerte Messzelle im Bereich der Dilatometrie an. Der nachfolgend entwickelte Lösungsansatz zur Erfassung der Längenänderung und Ausgangslänge einer thermisch beeinflussten Probe zeichnet sich durch eine definierte und beeinflussbare Anpresskraft aus. Aufbauend auf den definierten Anforderungen für eine kraftgesteuerte Messzelle werden erforderliche Teilfunktionen in einer Funktionsstruktur systematisch zur Realisierung der Gesamtaufgabe verknüpft und dienen als Grundlage der Entwicklung. Die Konkretisierung und Ausgestaltung des Ansatzes einer kraftgesteuerten Messzelle erfolgt in Anlehnung an den KEP unter systematischer Variation und Bewertung technischer Lösungen auf Konzeptebene. Verschiedene strukturelle Anordnungen der funktionellen Komponenten werden schrittweise gegenübergestellt, diskutiert und bewertet. Als Ergebnis der Konzeptphase entsteht auf Basis der bevorzugten Lösungsprinzipien ein Technisches Prinzip, welches sich grundlegend von bekannten bzw. etablierten Lösungen unterscheidet.
Im Rahmen der Realisierung wird das Technische Prinzip in einen Gestaltforderungsplan als Grundlage für den Konstruktionsentwurf überführt. Die konstruktive Ausgestaltung der kraftgesteuerten Messzelle wird unter Berücksichtigung verschiedener Konstruktionsprinzipien durchgeführt. Zum Abschluss der Entwurfsphase werden das Regelungsschema und die erforderlichen Justiervorgänge während der Montage der Messzelle definiert.
Die Funktionsfähigkeit der kraftgesteuerten Messzelle wird anhand von

Messungen zur Ermittlung der Probenausgangslänge, der Längenänderung verschiedener Referenzmaterialien sowie Messungen zum Einfluss der Anpresskraft nachgewiesen. Eine Analyse messtechnisch relevanter Einflussgrößen bei Dilatometermessungen bildet die Grundlage der theoretischen Betrachtung sowie experimentellen Bestimmung einzelner Messabweichungen. So kann anhand verschiedener Versuchsreihen nachgewiesen werden, dass die entwickelte kraftgesteuerte Messzelle eine deutlich geringere Gesamtunsicherheit ermöglicht. Die Darstellung charakteristischer Eigenschaften zeigt die Vorteile der kraftgesteuerten Messzelle und ermöglicht einen Vergleich zu Messzellen etablierter Dilatometer. Gleichzeitig kann die Bedienung im Vergleich zu bestehenden Dilatometern vereinfacht werden.

Das Entwicklungsziel der kraftgesteuerten Messzelle wird somit erreicht und erweitert wesentlich den Einsatzbereich der Dilatometer. Neben der Möglichkeit der Messung kritischer Proben können zusätzlich weitere Kennwerte außerhalb der klassischen Dilatometrie ermittelt werden. Die Vorteile der kraftgesteuerte Messzelle mit einer beeinflussbaren definierten Anpresskraft auf die Probe werden vorwiegend bei weichen Proben (Shore OO < 50) deutlich. Bei diesen Anwendungen wird die unerwünschte Deformation der Probe während der Ausgangslängenmessung und Längenänderung reduziert. Die Auswahl eines inkrementalen Wegmesssystems ohne notwendige Kalibrierung erhöht die Servicefreundlichkeit. Weiterhin ermöglicht die automatische Ausgangslängenbestimmung der Probe eine Senkung des Bedienereinflusses. Durch Funktionsintegration werden eine kompakte Anordnung der Messzelle und eine Reduzierung der Anzahl funktioneller Bauelemente erreicht. Im Vergleich zu etablierten Messzellen besitzt die im Rahmen dieser Arbeit entwickelte kraftgesteuerte Messzelle daher ein großes Potential zur Reduzierung der Herstellungskosten.

Die Verwendung bestehender, kommerziell frei verfügbarer funktioneller Komponenten (z. B. Wälzführung, inkrementales Wegmesssystem, Kraftmesszelle) bietet enorme Vorzüge hinsichtlich reduziertem elektronischen Steuerungsaufwand, bestehender Schnittstellen bzw. gesteigerter Flexibilität. Dennoch wird durch die Verwendung bestehender

Komponenten das Potential der kraftgesteuerten Messzelle nicht komplett ausgeschöpft. Das Kraftregelverhalten wird durch die Schrittweite des Piezoschreitantriebs beeinflusst. Weiterhin führen parasitäre Bewegungen der Kraftmesszelle zu einer Verschiebung und Verkippung des Fühlstempels. So würde die Entwicklung eigener funktioneller Komponenten, welche auf die Anforderungen der kraftgesteuerten Messzelle optimiert sind, Vorteile mit sich bringen. Einerseits würde die Möglichkeit bestehen, den maximalen Messbereich als auch die Auflösung der Anpresskraft zu variieren. Andererseits ist durch den Einsatz einer Doppelparallelführung eine Verbesserung der linearen Bewegung des Fühlstempels und des Maßstabs möglich.

Grundsätzlich lassen sich nach Abschluss dieser Arbeit weitere Handlungsfelder für die Weiterentwicklung eines Dilatometers als Gesamtgerät formulieren. Eine erste, mit geringem Änderungsaufwand und Risiko verbundene Entwicklungsaufgabe stellt die Überarbeitung der gleitreibungsbehafteten Probenauflage dar. Dies kann durch den Einsatz einer wälz- oder stoffgepaarten Lösung erreicht werden [Gor84]. Hierbei ist durch die Probenauflage eine exakte Positionierung der Ausrichtung der Probe zur Messachse anzustreben. Eine verbleibende Fehlerquelle besteht in der Art und Weise der Probenvorbereitung. Der Bedienereinfluss könnte durch die Fertigung von Proben mit kugeligen Enden weiter reduziert werden. Dies ist jedoch nach [DIN51045_1] nicht vorgesehen.

Im Rahmen dieser Arbeit wurde ein Lösungsansatz für eine kraftgesteuerte Dilatometermesszelle erarbeitet, detailliert und nachfolgend messtechnisch erprobt. Die vorliegende Arbeit liefert somit einen wissenschaftlichen Beitrag zur Erweiterung der Messtechnik bestehender Dilatometer – im Speziellen für eine kraftgesteuerte Erfassung der Längenänderung und Ausgangslänge einer thermisch beeinflussten Probe.
Zukünftige Entwicklungen können an den damit erweiterten Stand der Technik sowie die Empfehlungen für weitere Entwicklungsaktivitäten anknüpfen, um z. B. den Messbereich als auch den Funktionsumfang der vorgestellten Messzelle zu erweitern.

Quellenverzeichnis

[Aac16] Aachener Quarz-Glas Technologie Heinrich: Heraeus Quarzglas. Werkstoffdatenblatt. Aachen, 2016.

[ASTM_E228] ASTM International: ASTM E228–11 Standard Test Method for Linear Thermal Expansion of Solid Materials With a Push-Rod Dilatometer. Beuth Verlag. West Conshohocken, 2011.

[ASTM_E473] ASTM International: ASTM E473−16 Standard Terminology Relating to Thermal Analysis and Rheology. Beuth Verlag. West Conshohocken, 2016.

[Bel99] Bell, S.: Measurement Good Practice Guide No. 11 (Issue 2), A Beginner's Guide to Uncertainty of Measurement. National Physical Laboratory. Teddington, 1999.

[Bir93] Birch, K. P.; Downs, M. J.: An Updated Edlén Equation for the Refractive Index of Air. Metrologia. Volume 30, Number 3. IOP Publishing, 1993.

[Bir94] Birch, K. P.; Downs, M. J.: Correction to the Updated Edlén Equation for the Refractive Index of Air. Metrologia. Volume 31, Number 4. IOP Publishing, 1994.

[Blu16] Blumm, J.; Wohlfahrt, F.; Rapp, D.; Shinoda, Y.: A new displacement transducer for pushrod dilatometers. Japan Society of Thermophysical Properties. Proceedings of the 37th Japan Symposium on Thermophysical Properties. Okayama, 2016.

[Bra13] Braun, A.; Holtmannspötter, D.; Krote, S.; Rijkers-Defrasne, S.; Zweck, A.: Technologieprognosen, Internationaler Vergleich 2013. VDI Technologiezentrum GmbH. Düsseldorf, 2013.

[Bun14] Bundesministerium für Bildung und Forschung: Hightech-Strategie. URL: http://www.hightech-strategie.de/de/111.php. Berlin, Zugriff am 19.01.2014.

[Bur04] Burkhardt, T.: Feinäugle, A.; Fericean, S.; Forkl, A.: Lineare Weg- und Abstandssensoren. Verlag moderne Industrie. Landsberg, 2004.

[Bur05] Burgschat, R.: Optoelektronische Sensoren für die Weg- und Winkelmessung. NUMERIK JENA GmbH. Internes Dokument. Jena, 2005.

[Cha92] Charsley, E. L.; Warrington, S. B.: Thermal Analysis - Techniques and Applications. The Royal Society of Chemistry. Cambridge, 1992.

[Dan73] Daniels, T.: Thermal Analysis. Kogan Page Limited. London, 1973.

[Den14] Denner, T.; Storch, G.; Wohlfahrt, F.: Vorrichtung und Verfahren zur Messung einer Längenänderung einer Probe und/oder zur Messung einer Deformationskraft an einer Probe. Patentschrift DE102014102077. Deutsches Patentamt, 2014.

[Deu16] Deutsches Patent- und Markenamt: Internationale Patentklassifikation. URL: https://depatisnet.dpma.de/ipc/. München, Zugriff am 28.03.2016.

[DIN13005] Deutsches Institut für Normung: DIN V ENV 13005 Leitfaden zur Angabe der Unsicherheit beim Messen – Beiblatt 1: Fortpflanzung von Verteilungen unter Verwendung einer Monte-Carlo-Methode. Beuth Verlag. Berlin, 2012.

[DIN1319_1] Deutsches Institut für Normung: DIN 1319-1 Grundlagen der Meßtechnik - Teil 1, Grundbegriffe. Beuth Verlag. Berlin, 1995.

[DIN1319_3] Deutsches Institut für Normung: DIN 1319-3 Grundlagen der Meßtechnik - Teil 3, Auswertung von Messungen einer einzelnen Meßgröße. Beuth Verlag. Berlin, 1996.

[DIN51005] Deutsches Institut für Normung: DIN 51005 Thermische Analyse (TA) - Begriffe. Beuth Verlag. Berlin, 2005.

[DIN51045_1] Deutsches Institut für Normung: DIN 51045-1 Bestimmung der thermischen Längenänderung fester Körper - Teil1, Grundlagen. Beuth Verlag. Berlin, 2005.

[DIN51909] Deutsches Institut für Normung: DIN 51909 Prüfung von Kohlenstoffmaterialien – Bestimmung des linearen thermischen Ausdehnungskoeffizienten – Feststoffe. Beuth Verlag. Berlin, 2009.

[DIN60584_2] Deutsches Institut für Normung: DIN EN 60584-2 Grenzabweichung der Thermospannungen. Beuth Verlag. Berlin, 1994.

[DIN862] Deutsches Institut für Normung: DIN 862 Geometrische Produktspezifikation (GPS) – Messschieber – Grenzwerte für Messabweichungen. Beuth Verlag. Berlin, 2015.

[Dür93] Dürschmid, M.: Untersuchungen zur Meßsignalerzeugung und Meßsignalverarbeitung inkrementaler Längenmeßsysteme unter besonderer Berücksichtigung der Analyse und Reduzierung systemtischer und zufälliger Meßabweichung. Dissertation. Ilmenau, 1993.

[Erb13] Erbe, T.: Beitrag zur systematischen Aktor- und Aktorprinzipauswahl im Entwicklungsprozess. Dissertation. Ilmenau, 2013.

[ETH12] ETH Zürich: Vorlesung Mechatronik, Lineare Bewegung in der Mechatronik, Linearmotorsysteme. Zürich, 2012.

[Fit71] Fitzer, E.: Thermophysical Properties of Solid Materials, Project Section 1A; Cooperative Thermal Expansion Measurements up to 1000°C. Agard Advisory Report No. 31. Technical Editing and Reproduction Ltd, London, 1971.

[Fre96] Freitag, H.-J.: Neue Wege in der Längen- und Winkelmessung. F&M, Feinwerktechnik, Mikrotechnik, Mikroelektronik. Band 104, Ausgabe 4. Carl Hanser Verlag. München, 1996.

[FRI16] FRIATEC Aktiengesellschaft: Degussit AL24. Werkstoffdatenblatt. Mannheim, 2016.

[Goh55] Gohlke, W.: Mechanisch-Elektrische Messtechnik. Carl Hanser Verlag. München, 1955.

[Gor84] Gorski, W.: Konstruktionsmerkmale und Fehlerquellen von Schubstangendilatometern. Feinwerktechnik & Messtechnik. Band 92, Ausgabe 3. Carl Hanser Verlag. München, 1984.

[Gor96] Gorski, W.: Dilatometrie - Grundlagen und Meßverfahren. Braunschweig, 1996.

[Gro97] Grote, G.-H.; Feldhusen, J.: Dubbel; Taschenbuch für den Maschinenbau. Springer-Verlag. Heidelberg, 1997.

[Gro05] Grote, G.-H.; Feldhusen, J.: Dubbel; Taschenbuch für den Maschinenbau. Springer-Verlag. Heidelberg, 2005.

[Grü72] Grünwald, R.: Absolutcodierung von Wegen und Winkeln mit Hilfe des Moire-Effektes. Dissertation. Ilmenau, 1972.

[Hab07] Haberbauer, H., Bodenstein, F.: Maschinenelemente; Gestaltung, Berechnung, Anwendung. Springer-Verlag. Heidelberg, 2007.

[Hac10] Hackel, T.: Grundlegende Untersuchungen zu vertikalen Positioniersystemen für Nanopräzisionsmaschinen. Dissertation. Ilmenau, 2010.

[Hai95] Haines, P.J.: Thermal Methods of Analysis; Priciples, Applications and Problems. Blackie Academic & Professional. Glasgow, 1995.

[Han64] Hansen, F.: Justierung; Eine Einführung in das Wesen der Justierung von technischen Gebilden. VEB Verlag Technik. Berlin, 1964.

[Hei82] Heide, K.: Dynamische thermische Analysenmethoden. Deutscher Verlag für Grundstoffindustrie. Leipzig, 1982.

[Hei11] Dr. Johannes Heidenhain GmbH: Offene Längenmessgeräte. Produktbroschüre. Traunreut, 2011.

[Hei16] Dr. Johannes Heidenhain GmbH: Dauerhaft stabil messen. Konstruktion und Entwicklung. Ausgabe 12/2016. Schlütersche Verlagsgesellschaft MBH & Co. KG. Augsburg, 2016.

[Hem89] Hemminger, W. F.: Cammenga, H. K.: Methoden der Thermischen Analyse. Springer Verlag. Heidelberg, 1989.

[Her93] Herold, H.: Sensortechnik; Sensorwirkprinzipien und Sensorsysteme. Hüthig Buch Verlag. Heidelberg, 1993.

[Hof04] Hofmann, J.: Taschenbuch der Messtechnik. Carl Hanser Verlag. München, 2004.

[Hoh11] Hohenauer, W.: Bestimmung der Wärmeausdehnung; Schubstangendilatometrie, 08.11.2011. URL: www.phox .at/upload/Dilatometrie.pdf. Wien, Zugriff am 06.08.2012.

[Höl16] Höllering, M.: Experimentelle Untersuchungen einer kraftgesteuerten Dilatometermesszelle. Masterarbeit. Hochschule Hof, 2016.

[Jäg99] Jäger, G.: Lasernanomeßtechnik – Möglichkeiten, Grenzen und Anwendungen in der modernen Gerätetechnik. 44. Internationales Wissenschaftliches Kolloquium. TU Ilmenau, 1999.

[Jas93] Jasund, K.; Lagaly, G: Tonminerale und Tone. Steinkopff Verlag. Darmstadt, 1993.

[Kie08] Kiencke, U.; Eger, R.: Messtechnik. Springer-Verlag. Heidelberg, 2008.

[Kle13] Kleckers, T.: Piezoelektrische oder DMS-basierte Kraftaufnehmer. HBM Test and Measurement. Darmstadt, 2013.

[Kra00] Krause, W.: Gerätekonstruktion in Feinwerktechnik und Elektronik. Carl Hanser Verlag. München, 2000.

[Kra04] Krause, W.: Konstruktionselemente der Feinmechanik. Carl Hanser Verlag. München, 2004.

[Lin05] Lindemann, U.: Methodische Entwicklung technischer Produkte. Springer-Verlag. Heidelberg, 2005.

[Lin14] Linseis GmbH: Dilatometer. Produktbroschüre. URL: www.linseis.com/uploads/media/L76_L75H_L75V_Brochure__07.pdf. Selb, Zugriff am 13.01.2014.

[Lin142] Linseis GmbH: TMA Platinum Series. Produktbroschüre. URL: https://www.linseis.com/de/unsere-produkte/thermomechanische-analyse/. Selb, Zugriff am 09.04.2014.

[Luh90] Luhs, W.; Meiser, H.-P.; Daams, H.-J.: Absolut messendes Refraktometer. Springer-Verlag. Heidelberg, 1990.

[Mah16] Mahr GmbH: MarCal 16 ER Digitaler Messschieber. Technisches Datenblatt. URL: https://www.mahr.com/de/Leistungen/Fertigungsmesstechnik/Produkte/Handmesstechnik/MarCal---Messschieber/MarCal---Digitale-Messschieber/MarCal-16-ER--16-EWR---16-EWRi---Digitaler-Messschieber/MarCal-16-ER---Digitaler-Messschieber/. Göttingen, Zugriff am 21.01.2016.

[Mar16] Marth, H.: Informationen Piezostepper. Physik Instrumente (PI) GmbH & Co.KG. Internes Dokument. Karlsruhe, 2016.

[Müh06] Mühl, T.: Einführung in die elektrische Messtechnik.

B. G. Teubner Verlag. Wiesbaden, 2006.

[Muh07] Muhs, D.; et al.: Roloff/Matek Maschinenelemente; Normung, Berechnung, Gestaltung. Vieweg & Sohn Verlag. Wiesbaden, 2007.

[Net12] Netzsch Gerätebau GmbH: Schulung Dilatometrie; Methode, Korrekturen, Anwendungen. Selb, 2012.

[Net13] Netzsch Gerätebau GmbH: Schulung Dynamisch-mechanische Analyse (DMA); Einführung in die Methode. Selb, 2013.

[Net14] Netzsch Gerätebau GmbH: Dilatometrie; Methoden, Geräte, Applikationen. Produktbroschüre. URL: www.netzsch-thermal-analysis.com/uploads/ tx_nxnetzschmedia/files/ DIL_D_0313_01.pdf. Selb, Zugriff am 13.01.2014.

[Net141] Netzsch Gerätebau GmbH: Thermomechanische Analyse – TMA; Methode, Technik, Anwendungen. Produktbroschüre. URL: www.netzsch-thermal-analysis.com/uploads/tx_nxnetzschmedia/files/500 _de.pdf. Selb, Zugriff am 14.01.2014.

[Net142] Netzsch Gerätebau GmbH: Dynamisch-mechanische Analyse; Methode, Technik, Applikationen. Produktbroschüre. URL: www.netzsch-thermal-analysis.com/uploads/tx_nxnetzschmedia/files/DMA_242_ E_Artemis _D_1013.pdf. Selb, Zugriff am 18.01.2014.

[Net143] Netzsch Gerätebau GmbH: Industrien/Branchen. URL: http://www.netzsch-thermal-analysis.com/de/branchen-industrien.html. Selb, Zugriff am 14.01.2014.

[Net15] Netzsch Gerätebau GmbH: NETZSCH A&P Vorstellung. Firmenpräsentation. Selb, 2015.

[Net16] Netzsch Gerätebau GmbH: DIL 402 Expedis Select & Supreme. Produktbroschüre. URL: https://www.netzsch-thermal-analysis.com/media/thermal-analysis/brochures/DIL_Select_ Supreme_de_web.pdf. Selb, Zugriff am 22.01.2016.

[Net161] Netzsch Gerätbau GmbH: Dynamisch-mechanische Analyse (DMA) / Dynamisch-Mechanisch-Thermische Analyse (DMTA). URL: https://www.netzsch-thermal-analysis.com/de/produkte-loesungen/dynamisch-mechanisch-thermische-analyse/. Selb, Zugriff am 20.06.2016.

[Netz] Netzsch Gerätebau GmbH: Interne Unterlagen. Selb.

[New16] Newport Spectra-Physics GmbH: Replicated Hollow Metal Retroreflector, 12.7mm OD, 5 arc sec RBA. Technisches Datenblatt. URL: https://www.newport.com/p/50326-0505. Darmstadt, Zugriff am 20.06.2016.

[NUM13] NUMERIK JENA GmbH: Sensor Basics. Internes Dokument. Jena, 2013.

[NUM14] NUMERIK JENA GmbH: SCALE TAPE LINEAR, Maßverkörperung für Linearmesssysteme. Produktbroschüre. URL: http://www.numerikjena.de/fileadmin/inhalte/downloads/datenblaetter/DS_scale_tape_deu.pdf. Jena, Zugriff am 20.07.2014.

[Nyc04] Nyce, D.: Linear position sensors; theory and application. John Wiley & Sons. Hoboken, 2004.

[Ode90] Oded, K.; Glatt, I.: The Physics of Moire Metrology. John Wiley & Sons. New York, 1990.

[Pah05] Pahl, G.; Beitz, W.: Konstruktionslehre; Grundlagen erfolgreicher Produktentwicklung; Methoden und Anwendung. Springer Verlag. Berlin, Heidelberg, 2005.

[Par08] Parthier, R.: Messtechnik. Vieweg & Sohn Verlag. Wiesbaden, 2008.

[Pat16] Patschger, M.: Thermische Analyse - Grundlagen und Praktikumsanleitung. URL: http://www.personal.uni-jena.de/~cim/AnleitungTA.pdf. Uni Jena, Zugriff am 2016.

[Pie12] PiezoMotor: Piezo LEGS® Linear 6N. Technisches Datenblatt. Uppsala, 2012.

[Rou06] Rouquerol, J.; Lever, T; Haines, P.; Van Eckeren, P.; Burlett, D.J.: Nomenclature of Thermal Analysis. ICTAC. North Carolina, 2006.

[Sch82] Schilling, M.: Konstruktionsprinzipien der Gerätetechnik. Dissertation. Ilmenau, 1982.

[Sch08] Schmidt, I.: Beiträge zur Verringerung der Positionierunsicherheit in der Nanopositionier- und Nanomessmaschine. Dissertation. Ilmenau, 2008.

[Sch16] Schunk Kohlenstofftechnik GmbH: Werkstoff FP 519. Werkstoffdatenblatt. Heuchelheim, 2016.

[SIO12] SIOS Meßtechnik GmbH: Zweistrahl-Interferometer mit Planspiegelreflektor - Serie SP 120/2000DS - Anwenderdokumentation. 2012.

[SIO16] SIOS Meßtechnik GmbH: Fehlereinfluss von Kugelreflektoren. Internes Dokument. 2016.

[Spe83] Sperrlich, H.: Das Gestalten im Konstruktionsprozess. Dissertation. Ilmenau, 1983.

[Ste05] Steinhilper, W.; Sauer, B.: Konstruktionselemente des Maschinenbaus 1. Springer-Verlag. Heidelberg, 2005.

[Ste06] Steinhilper, W.; Sauer, B.: Konstruktionselemente des Maschinenbaus 2. Springer-Verlag. Heidelberg, 2006.

[STR12] STRAIN MEASUREMENT DEVICES: S251 Sensor. Technisches Datenblatt. Chedburgh, 2012.

[STR17] STRAIN MEASUREMENT DEVICES: Thin Film Sensor Deposition. URL: http_www.smdsensors.com_Content _Thin_Film_Sensor_Deposition.asp. Chedburgh, Zugriff am 02.10.2017.

[TAI14] TA Instruments: Dilatometry. Produktbroschüre. URL: http://de.thermophysical.tainstruments.com/PDF/brochure/ DIL_HOR.pdf. New Castle, Zugriff am 13.01.2014.

[TAI141] TA Instruments: Thermomechanical ANALYSIS. Produktbroschüre. URL: www.tainstruments.com/pdf/ TMA.pdf. New Castle, Zugriff am 13.04.2014.

[TAI142] TA Instruments: Dynamic Mechanical ANALYSIS Produktbroschüre. URL: www.tainstruments.com/pdf/ DMA.pdf. New Castle, Zugriff am 13.04.2014.

[TCM12] TC Mess- und Regeltechnik GmbH: Handbuch zur Temperaturmessung mit Thermoelementen und Widerstandsthermometern. Mönchengladbach, 2012.

[Tie07] Tiemann I.; et al.: An international length comparison using vacuum comparators and a photoelectric incremental encoder as transfer standard. Precision Engineering. 2007.

[Tou75] Touloukian Y. S.; et al.: Thermophysical Properties of Matter, Vol. 10, Thermal Expansion, Metallic Elements and Alloys. IFI Plenum. New York, 1975.

[TUC08] TU Chemnitz: Steuerungs- und Regelungstechnik. Lehrunterlagen. Fakultät für Maschinenbau. Chemnitz, 2008.

[TUC09] TU Chemnitz: Mess- und Regelungstechnik. Lehrunterlagen. Fakultät für Maschinenbau. Chemnitz, 2009.

[TUC091] TU Chemnitz: Methodisches Konstruieren. Lehrunterlagen. Fakultät für Maschinenbau. Chemnitz, 2009.

[TUI04] TU Ilmenau: Grundlagen der Produktentwicklung. Lehrunterlagen. Fakultät für Maschinenbau. Ilmenau, 2004.

[TUI041] TU Ilmenau: Methoden der Produktentwicklung. Lehrunterlagen. Fakultät für Maschinenbau. Ilmenau, 2004.

[TUI042] TU Ilmenau: Festhaltungen. Lehrunterlagen. Fakultät für Maschinenbau. Ilmenau, 2004.

[TUI05] TU Ilmenau: Technische Prinzipsymbole. Lehrunterlagen. Fakultät für Maschinenbau. Ilmenau, 2004.

[TUI10] TU Ilmenau: Führungen. Lehrunterlagen. Fakultät für Maschinenbau. Ilmenau, 2010.

[TUI16] TU Ilmenau: Praktikum zur Optischen Messtechnik. Lehrunterlagen. Fakultät für Maschinenbau. 2014. URL: https://www.tu-ilmenau.de/fileadmin/media/optik/Lehre/Praktikum_Optische_Messtechnik/Moire_2014.pdf. Ilmenau, Zugriff am 11.04.2016.

[Val81] Valentich, J.: Tube Type Dilatometers. Instrument Society of America. North Carolina, 1981.

[VDI2221] Verein Deutscher Ingenieure: VDI 2221 Methodik zum Entwickeln und Konstruieren technischer Systeme und Produkte. Beuth Verlag. Berlin, 1993.

[VDI2225] Verein Deutscher Ingenieure: VDI 2225 Konstruktionsmethodik, Technisch-wirtschaftliche Bewertung. Beuth Verlag. Berlin, 1998.

[Wal85] Walcher, H.: Winkel- und Wegmessung im Maschinenbau. VDI-Verlag. Düsseldorf, 1985.

[Wen86] Wendlandt, W.: Thermal Analysis. John Wiley & Sons. New York, 1986.

[Wib12] Wibbing, D.: Wegmess-System für Miniatur-Linearmotoren. Dissertation. Stuttgart, 2012.

[Wil05] Wilkening, G.; Koenders, L.: Nanoscale Calibration Standards and Methods; Dimensional and Related Measurements in the Mirco- and Nanometer Range. WILEY-VCH Verlag. Weinheim, 2005.

[Woh14] Wohlfahrt, F.; Theska, R.: The influence of the contact force in dilatometry. 58th Ilmenau scientific colloquium. URN: urn:nbn:de:gbv:ilm1-2014iwk-007:3. Ilmenau, 2014.

[Woh16] Wohlfahrt, F.; Theska, R.: Force-Controlled Measuring Cell in Dilatometry. cfi, Berichte der Deutschen Keramischen Gesellschaft. Ausgabe 4-5/2016. Göller Verlag. Baden-Baden, 2016.

[Woh161] Wohlfahrt, F.; Theska, R.: Force controlled dilatometer. Proceedings of the 16th international conference of the european society for precision engineering and nanotechnology. Nottingham, 2016.

[Wuc96] Wu, C.-m.; Su, C.-s.: Nonlinearity in measurements of length by optical interferometry. Measurement Science and Technology, Volume 7, Number 1. IOP Publishing, 1996.

[Yac16] Yacoot, A.: Sources of uncertainty. Konferenzbeitrag. 16th international conference of the european society for precision engineering and nanotechnology. Nottingham, 2016.

Abbildungsverzeichnis

Abb. 1: Längenänderung einer Probe durch Temperaturbeeinflussung 2
Abb. 2: Anforderungen an ein Messgerät zur Bestimmung von thermischen Längenänderungen 3
Abb. 3: Klassifizierung der thermischen Analyse nach zu untersuchenden Eigenschaftsänderungen in Anlehnung an [Hem89], [Net15], [Net16], [Wen86], [Dan73], [Rou06] mit gestrichelter Kennzeichnung der Dilatometrie 10
Abb. 4: Klassifikation von Dilatometern nach der Kontaktmethode zur Probe und Ausrichtung der Messachse 13
Abb. 5: Schema eines horizontalen Schubstangendilatometers nach [Net14] 14
Abb. 6: Klassifizierung der Messvorgänge der Dilatometrie je nach Messdaten [DIN51045_1], [ASTM_E228] 15
Abb. 7: Schema eines horizontalen Schubstangendilatometers 17
Abb. 8: Temperaturbereiche verschiedener Temperiereinheiten nach [Net14] 19
Abb. 9: Schema einer Probenhalterung 20
Abb. 10: Mögliche Ausführung eines horizontalen Schubstangendilatometers [Net12] 22
Abb. 11: Ablauf einzelner Schritte zur Durchführung einer Dilatometermessung 24
Abb. 12: Thermisch beeinflusste Komponenten in Messachse 27
Abb. 13: Wirksamer Bereich (gestrichelt) der Probenhalterkorrektur 27
Abb. 14: Wirksamer Bereich (gestrichelt) der Referenzmessung 28
Abb. 15: Technisches Prinzip einer etablierten Dilatometermesszelle 30
Abb. 16: Technisches Prinzip einer TMA-Messzelle 33
Abb. 17: Technisches Prinzip einer DMA-Messzelle 35
Abb. 18: Optimierungspotentiale ① – ④ einer Dilatometermesszelle 39
Abb. 19: Phasen und Teilaufgaben des Konstruktionsprozesses in Anlehnung an [VDI2221], [Muh07], [Gro05] 43
Abb. 20: Gesamtfunktion eines Dilatometers 46

Abb. 21: Typische geometrische Anordnung der Baugruppen eines horizontalen Schubstangendilatometers ... 47
Abb. 22: Funktionsstruktur zur Integration einer kraftgesteuerten Messzelle in ein Dilatometer [Netz] ... 49
Abb. 23: Funktionselemente einer kraftgesteuerten Dilatometermesszelle ... 52
Abb. 24: Kombinationsmöglichkeiten der strukturellen Anordnung einzelner Funktionselemente ... 53
Abb. 25: Kombinationsmöglichkeiten der strukturellen Anordnung weiterer Funktionselemente ... 55
Abb. 26: Strukturelle Anordnung aller Funktionselemente einer kraftgesteuerten Dilatometermesszelle ... 56
Abb. 27: Strukturtrennung bzw. -integration der Funktionselemente einer kraftgesteuerten Dilatometermesszelle (Legende nach Abb. 26) ... 57
Abb. 28: Technisches Prinzip einer kraftgesteuerten Dilatometermesszelle ... 76
Abb. 29: Ausführungsvarianten der Kopplung zwischen Fühlstempel und beweglichem Teil der Messzelle [TUI042], [Kra04] ... 79
Abb. 30: Ausführungsvarianten der Kopplung des Piezoschreitantriebs an den beweglichen Teil der Messzelle ... 82
Abb. 31: Gestaltforderungsplan der kraftgesteuerten Dilatometermesszelle ... 84
Abb. 32: Konstruktive Umsetzung einer kraftgesteuerten Dilatometermesszelle ... 86
Abb. 33: Prinzip der direkten und kurzen Krafteinleitung ... 89
Abb. 34: Prinzip der Vermeidung von Überbestimmtheiten ... 90
Abb. 35: Prinzip der Funktionsintegration ... 91
Abb. 36: Schema des Kraftregelkreises ... 92
Abb. 37: Justiereinrichtungen zur Beeinflussung der Sensorposition zum Maßstab ... 94
Abb. 38: Erfassung der Probenausgangslänge L_0 mit unterschiedlichen Anpresskräften (Styrodur®, BASF) ... 98
Abb. 39: Testaufbau zur Analyse der Genauigkeit der Erfassung der Probenausgangslänge [Woh161] ... 99

Abb. 40: Versuchsaufbau mit einem modifizierten Dilatometer und Zweistrahlinterferometer [Netz] 100
Abb. 41: Abweichung der Erfassung der Probenausgangslänge verschiedener Messreihen [Woh16] 100
Abb. 42: Thermische Längenänderung von Platin und Wolfram im Vergleich zu Literaturwerten mit Angabe des mittleren Ausdehnungskoeffizienten (m. CTE) nach [DIN51045_1], [Tou75], [Blu16] 102
Abb. 43: Einfluss verschiedener Anpresskräfte auf die thermische Ausdehnung einer weichen Probe [Woh161] 103
Abb. 44: Sinterverhalten von Porzellan bei verschiedenen Anpresskräften [Woh16] 104
Abb. 45: Kriecheffekt einer Probe aus Isolationsmaterial (Styrodur®, BASF) bei einem Kraftsprung von 10 mN auf 3 N 105
Abb. 46: Kriecheffekt eines Grünkörpers aufgrund eines Kraftsprungs von 0,1 N zu 2 N bei einer Probentemperatur von ca. 38 °C 106
Abb. 47: Verschiedene Einflussgrößen auf eine Dilatometermessung nach [Gor84], [Hoh11], [Höl16], [Müh06], [Tie07], [Wil05], [Dür93] 108
Abb. 48: Schematischer Versuchsaufbau zur Ermittlung der Einflussgrößen des inkrementalen Wegmesssystems [Höl16] 113
Abb. 49: Differenz der Mittelwerte von inkrementalen Wegmesssystemen und Interferometer [Höl16] 114
Abb. 50: Schematischer Aufbau zur Ermittlung der Einflussgrößen der kraftgesteuerten Messzelle [Netz] 115
Abb. 51: Abweichung der Signale der beiden Wegmesssysteme [Höl16] 116
Abb. 52: Schematischer Versuchsaufbau zur Ermittlung der Höhenverschiebung der Kraftmesszelle [Höl16] 117
Abb. 53: Verschiebung des Maßstabs in z-Richtung in Abhängigkeit der Anpresskraft [Höl16] 118
Abb. 54: Versuchsaufbau zum Vergleich eines LVDTs mit einem inkrementalen Wegmesssystem 152
Abb. 55: Einfluss der Probentemperatur auf die Wegmessung mit einem LVDT im Vergleich zu einem inkrementalen Wegmesssystem [Woh14] 153

Abb. 56: Versuchsaufbau zum Vergleich verschiedener Lösungsprinzipien zur Krafterzeugung ... 154
Abb. 57: Regelabweichung eines Lineargleichstrommotors im Vergleich zu einem Piezoschreitantrieb [Woh14] ... 155
Abb. 58: Komponenten des Versuchsstands [Höl16] ... 156
Abb. 59: Aufbau der modifizierten Messzelle [Höl16] ... 157
Abb. 60: Zeitlicher Ablauf der Messung (Wegmesssystem 3) ... 158
Abb. 61: Parallelverschiebung des reflektierten Laserstrahls bei Bewegung des Reflektors ... 160
Abb. 62: Aufbau der kraftgesteuerten Messzelle zur Ermittlung der Einflussgrößen [Netz] ... 162
Abb. 63: Versuchsaufbau mit kraftgesteuerter Messzelle und Zweistrahlinterferometer ... 163
Abb. 64: Aufbau der kraftgesteuerten Messzelle zur Ermittlung des Höheneinflusses der Kraftmesszelle [Höl16] ... 165
Abb. 65: Versuchsaufbau mit kraftgesteuerter Messzelle und Zweistrahlinterferometer [Netz] ... 166

Tabellenverzeichnis

Tab. 1: Berechnung der thermischen Längenausdehnungskoeffizienten nach [DIN51045_1], [ASTM_E228] ... 9
Tab. 2: Klassifikation der Messgröße der Methoden DIL, TMA, DMA nach [Hei82], [Dan73], [Net14], [Net142], [Net13], [Net12], [Net141] ... 12
Tab. 3: Verschiedene Probenhaltermaterialien nach [Val81], [FRI16], [Aac16], [Sch16] ... 20
Tab. 4: Auflistung verschiedener Thermoelementtypen [TCM12], [DIN60584_2], [Netz] ... 22
Tab. 5: Vergleich verschiedener Dilatometermesszellen ... 32
Tab. 6: Bewertungsschema der Patenttreffer ... 37
Tab. 7: Ergebnis der Patentrecherche, unterteilt nach Datenbank und Relevanz [Netz] ... 37
Tab. 8: Technische Anforderungen an eine Dilatometermesszelle ... 45
Tab. 9: Bewertung einer getrennten und integrierten Struktur ... 59
Tab. 10: Lösungsprinzipien zur Erfassung der Längenänderung und Ausgangslänge nach [Her93], [Kra00] ... 60
Tab. 11: Bewertung verschiedener Messprinzipien zur Wegerfassung ... 64
Tab. 12: Lösungsprinzipien zur Erfassung der Anpresskraft nach [Par08] ... 65
Tab. 13: Bewertung verschiedener Messprinzipien zur Krafterfassung ... 67
Tab. 14: Lösungsprinzipien zur Erzeugung der Anpresskraft und zum Verfahren des Fühlstempels nach [Kra00], [Erb13], [Ste06], [Hac10] ... 68
Tab. 15: Bewertung verschiedener Aktuatoren zur Erzeugung der Anpresskraft und zum Verfahren des Fühlstempels ... 71
Tab. 16: Lösungsprinzipien zur Führung des Fühlstempels nach [Kra04], [TUI10] ... 73
Tab. 17: Bewertung verschiedener Lösungsprinzipien zur Führung des Fühlstempels ... 75

Tab. 18: Bewertung verschiedener Ausführungsvarianten der Kopplung zwischen Fühlstempel und beweglichem Teil der Messzelle ... 81
Tab. 19: Bewertung verschiedener Ausführungsvarianten der Kopplung des Piezoschreitantriebs an den beweglichen Teil der Messzelle ... 83
Tab. 20: Im Konstruktionsentwurf angewandte Konstruktionsprinzipien ... 88
Tab. 21: Zusammenfassung der experimentellen Untersuchungen ... 120
Tab. 22: Eigenschaften der kraftgesteuerten Messzelle im Vergleich [DIN862], [Net16] [Netz] ... 121
Tab. 23: Normen zur Bestimmung des thermischen Längenausdehnungskoeffizienten im Bereich der Dilatometrie ... 148
Tab. 24: Detaillierte Eingaben der Patentrecherche ... 150
Tab. 25: Trefferliste mit Relevanz 2 und 3 ... 151
Tab. 26: Abweichungen der inkrementalen Wegmesssysteme (System 1-3) vom Interferometer in µm bei verschiedenen Messpositionen ... 159
Tab. 27: Einflussgrößen und angewandte Reduzierungsmaßnahmen [Sch08], [Wuc96], [SIO12], [New16], [Yac16] ... 161
Tab. 28: Abweichungen der Wegmesssysteme in µm bei verschiedenen Messpositionen ... 164
Tab. 29: Höhenverschiebung des Klemmadapters inklusive Maßstabs in µm bei unterschiedlichen Positionen in Abhängigkeit der Kontaktkraft ... 167
Tab. 30: Einflussgrößen und angewandte Reduzierungsmaßnahmen [Sch08], [Wuc96], [SIO12], [New16], [Yac16] ... 168

Anhang

A1 Normen

In Ergänzung zu Kapitel 4.2 umfasst Tab. 23 die wichtigsten nationalen und internationalen Normen, welche die Vorgehensweisen zur Bestimmung der thermischen Längenausdehnung bzw. des thermischen Längenausdehnungskoeffizienten unter Anwendung der Dilatometrie definieren. Die dargestellte Auswahl an Normen erhebt keinen Anspruch auf Vollständigkeit, zeigt jedoch die Vielzahl an definierten Vorgehensweisen im Bereich der Dilatometrie.

Ein Großteil der in Tab. 23 gelisteten Normen ist vom Normenausschuss Materialprüfung (NMP) des Deutschen Instituts für Normung e.V. (DIN) erstellt bzw. von europäischen (EN) oder internationalen Normen (ISO) übernommen worden. Weiterhin sind amerikanische (ASTM) bzw. chinesische (GB/T) Normen verfügbar. Inhaltlich standardisieren alle Normen die Bestimmung des thermischen Ausdehnungskoeffizienten verschiedener Materialien mit dem Aggregatzustand „fest". Tab. 23 zeigt, dass vorwiegend im Bereich der keramischen Werkstoffe (Grobkeramik, Feinkeramik und Hochleistungskeramik) Normen existieren. In den Normen werden meist Anforderungen an das Messgerät, Abmessungen der Proben sowie deren Vorbereitung und Längenmessungen als auch die messtechnische Durchführung beschrieben. Darüber hinaus sind die Auswertung der Messung samt Berechnungsvorgehen und die Erstellung eines Prüfberichts definiert.

Tab. 23: Normen zur Bestimmung des thermischen Längenausdehnungskoeffizienten im Bereich der Dilatometrie

Norm	Jahr	Titel
DIN 51045-1	2005	Bestimmung der thermischen Längenänderung fester Körper – Teil 1: Grundlagen
DIN 51045-2	2009	Bestimmung der thermischen Längenänderung fester Körper – Teil 2: Prüfung gebrannter feinkeramischer Werkstoffe nach dem Dilatometerverfahren
DIN 51045-3	2009	Bestimmung der thermischen Längenänderung fester Körper – Teil 3: Prüfung ungebrannter feinkeramischer Werkstoffe nach dem Dilatometerverfahren
DIN 51045-4	2007	Bestimmung der Längenänderung fester Körper unter Wärmeeinwirkung nach dem Dilatometerverfahren – Teil 4: Prüfung gebrannter grobkeramischer Werkstoffe
DIN 51045-5	2007	Bestimmung der Längenänderung fester Körper unter Wärmeeinwirkung nach dem Dilatometerverfahren – Teil 5: Prüfung ungebrannter grobkeramischer Werkstoffe
DIN 51909	2009	Prüfung von Kohlenstoffmaterialien – Bestimmung des linearen thermischen Ausdehnungskoeffizienten – Feststoffe
DIN 53752	1980	Prüfung von Kunststoffen – Bestimmung des thermischen Längenausdehnungskoeffizienten
DIN EN 103	1985	Keramische Fliesen und Platten – Bestimmung der linearen thermischen Dehnung
DIN EN 821-1	1995	Hochleistungskeramik, Monolithische Keramik, Thermophysikalische Eigenschaften – Teil 1: Bestimmung der thermischen Längenänderung
DIN EN 1159-1	2007	Hochleistungskeramik – Keramische Verbundwerkstoffe - Thermophysikalische Eigenschaften – Teil 1: Bestimmung der thermischen Ausdehnung
DIN ISO 7991	1998	Glas – Bestimmung des mittleren thermischen Längenausdehnungskoeffizienten
ISO 17562	2001	Fine ceramics (advanced ceramics, advanced technical ceramics) – Test method of linear thermal expansion of monolithic ceramics by push-rod technique
ASTM E228	2011	Standard Test Method for Linear Thermal Expansion of Solid Materials With a Push-Rod Dilatometer
GB/T 16535	2008	Test method for linear thermal expansion of monolithic ceramics by push-rod technique

A2 Patentrecherche

Es erfolgte eine Patentrecherche über zwei unterschiedliche Patentdatenbanken anhand einer unscharfen Suche[39] (Datenbank XPAT und DEPATISnet). Folgende Liste an Begrifflichkeiten gibt einen Überblick über die in der Recherche abgedeckten Schlagwörter.

- Dilatometrie, Dilatometer und DIL
- Längenausdehnung[40] in Zusammenhang mit dem Begriff Koeffizient
- thermische Deformation
- thermische Längenausdehnung bzw. thermische Ausdehnung[41]

Messgeräte der Dilatometrie sind hierbei der Patentklasse G01N25/16[42] zugeordnet. Diese sowie weitere Klassen aus dem Bereich G01N bzw. G01B[43] wurden bei der Recherche berücksichtigt.
Die genauen Eingaben der unscharfen Suche sind in Tab. 24 dargestellt. Neben dem Publikationsdatum sind weiterhin die verwendeten Schlagwörter sowie die durchsuchten Patentklassen gelistet.

[39] Wird in der IT-Fachsprache als Fuzzy-Suche bezeichnet und erhöht die Trefferquote bei abweichenden Schreibweisen.
[40] Bei der Verwendung von Umlauten (z. B. „ä“) wurden beide Schreibweisen abgedeckt; der englische Begriff „linear thermal expansivity“ wurde ebenfalls betrachtet.
[41] Weiterhin wurden die englischen Begriffe “linear thermal expansion, linear expansion and sample” berücksichtigt.
[42] „G“ beschreibt die Sektion Physik; „G01“ den Bereich Messen, Prüfen; „G01N“ das Untersuchen oder Analysieren von Stoffen durch Bestimmen ihrer chemischen oder physikalischen Eigenschaften; die Untergruppe „25/16“ das Untersuchen des Wärmeausdehnungskoeffizienten [Deu16].
[43] „G01B“ betrifft allgemein das Messen der Länge, der Dicke oder ähnlicher linearer Abmessungen, Winkel, Flächen bzw. Unregelmäßigkeiten an Oberflächen oder Umrissen [Deu16].

Tab. 24: Detaillierte Eingaben der Patentrecherche

Patentdatenbank	XPAT	DEPATISnet
Publikationsdatum	PY<2014	PY<2014
Schlagwörter	• ?dilatomet? or DIL • (linear(3w)thermal(3w)expansivity or (Laengenausdehnung? AND (koeffizient? or ?koeffizent)) or (Längenausdehnung? AND (koeffizient? or ?koeffizent)))/BI • (linear(3w)thermal(3w)expansion or (linear(3w)expansion and sample))/BI • (thermal(3w)deformation or thermische(3w)Verformung?)/BI • (thermische(3w)Längenausdehnung or thermische(3w)Ausdehnung)/BI	BI=(Dilatomet?)
Patentklassen	• G01B, G01D, G01G-005/04 • G01G-009/00, G01H, G01J • G01K-007/00, G01K-007/14 • G01K-017/00, G01L, G01M, G01N • G05D-023/00, G05D-023/19 • G05D-023/22, G12B-007/00 • H01G-009/21, H01L-023/28 • H05B-001/02	• G01B11/16? • G01N25/16?

Die Treffer mit Relevanzangabe sind in Tab. 25 gelistet und basieren auf den in Tab. 24 dargestellten Sucheingaben. Dabei werden ausschließlich Treffer mit Relevanz 2 und 3 nach Tab. 6 berücksichtigt.

Tab. 25: Trefferliste mit Relevanz 2 und 3

Patent-nummer	Rele-vanz	Datum	Titel
EP1707948A1	3	04.10.2006	[EN] Dilatometer for measuring shrinkage or expansion of a sample, system comprising the dilatometer and a sample, and a sample for use in the dilatometer
WO2006104382A1	3	05.10.2006	[EN] DILATOMETER FOR MEASURING SHRINKAGE OR EXPANSION OF A SAMPLE, SYSTEM COMPRISING THE DILATOMETER AND A SAMPLE, AND A SAMPLE FOR USE IN THE DILATOMETER
DE10309284B4	3	20.07.2006	[DE] Dilatometer
FR2754598A1	3	17.04.1998	[EN] Measuring coefficient of thermal expansion to high accuracy
DE102011051561A1	3	10.01.2013	[DE] Dilatometer zur Messung von metallischen Proben
DE2238448C2	2	18.08.1983	[DE] DILATOMETER
DE2331113B1	2	07.02.1974	[DE] Dilatometer
DE2605264A1	2	18.08.1977	[DE] DIFFERENTIAL-DILATOMETER
DE3507999A1	2	31.10.1985	[DE] DILATOMETER
DE3603220C2	2	18.02.1993	[DE] Verformungsdilatometer
DE3714988C2	2	23.03.1989	[DE] DILATOMETER
DE4211131A1	2	07.10.1993	[DE] Dilatometer
EP28972A1	2	20.05.1981	[DE] Differential-Dilatometer.
FR1441616A	2	10.06.1966	[FR] Dilatomètre
FR2468902A1	2	08.05.1981	[FR] DILATOMETRE DIFFERENTIEL
FR2468902B1	2	21.10.1983	[FR] DILATOMETRE DIFFERENTIEL
LU50947A	2	21.06.1966	[FR] DILATOMETRE
US3898836A	2	12.08.1975	[EN] Differential dilatometer
DD281023A1	2	25.07.1990	[DE] Vorrichtung zur Bestimmung der temperaturabhängigen Längenänderung
DD151023A3	2	30.09.1981	[DE] Vorrichtung zur Messung temperaturabhängiger Längenänderungen

A3 Grundlagentest zur Wegerfassung

Zur Minimierung der Risiken im Entwicklungsprozess wird das etablierte Wegmesssystem eines LVDTs mit einem inkrementalen Lösungsprinzip in einem Grundlagentest verglichen.
Hierfür wird das inkrementale Wegmesssystem, welches aus einem Maßstab und einem optischen Encoder besteht, in der Messzelle eines bestehenden Dilatometers parallel angebracht. Den Versuchsaufbau zeigt Abb. 54.

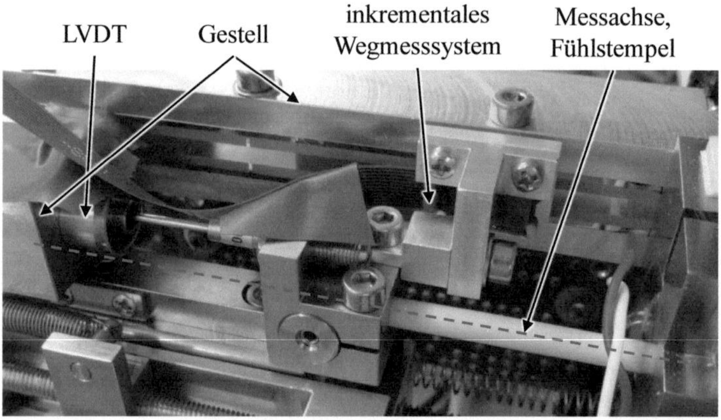

Abb. 54: Versuchsaufbau zum Vergleich eines LVDTs mit einem inkrementalen Wegmesssystem

Bei der Versuchsdurchführung wird eine 35 mm Probe aus Aluminiumoxid verwendet und von Raumtemperatur auf 500 °C erhitzt. Dabei wird die Längenänderung am Ende des Fühlstempels gleichzeitig von beiden Wegmesssystemen erfasst. Als Messgerät wird ein Dilatometer mit einer Probenhalterung aus Aluminiumoxid nach [Net12] eingesetzt.

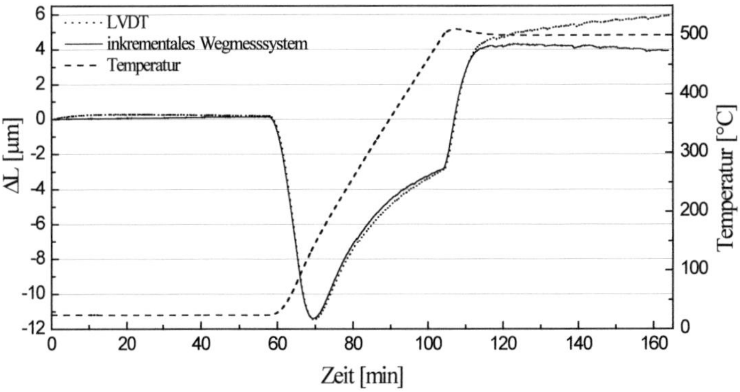

Abb. 55: Einfluss der Probentemperatur auf die Wegmessung mit einem LVDT im Vergleich zu einem inkrementalen Wegmesssystem [Woh14]

Abb. 55 zeigt eine geringe Drift des LVDTs verglichen mit einer vernachlässigbaren Abweichung des inkrementalen Wegmesssystems in den ersten 60 min bei Raumtemperatur. Während der Temperaturänderung auf 500 °C weisen beide Messsysteme einen nahezu gleichen Verlauf auf. Die erfasste Längenänderung entspricht der Summe der Längenänderung der Probe, des Fühlstempels und Tragrohrs. Bei konstanter Probentemperatur von 500 °C ist eine signifikante Drift des Wegsignals des LVDTs im Vergleich zum inkrementalen Wegmesssystem zu erkennen. Somit kann nachgewiesen werden, dass das im Bereich der Dilatometrie etablierte Wegmesssystem des LVDTs empfindlicher auf Temperaturänderungen reagiert als das inkrementale Messsystem. Aufgrund der geringeren Abhängigkeit von Temperatureinflüssen und einem gleichen Verhalten bei Längenänderungen ist das Lösungsprinzip des inkrementalen Messsystems grundsätzlich zur Wegerfassung in Dilatometern geeignet [Woh14].

A4 Grundlagentest zur Krafterzeugung

Die in Abschnitt 6.5.3 dargestellten Lösungsprinzipien eines elektrodynamischen Lineargleichstrommotors und eines piezoelektrischen Schreitantriebs zur Erzeugung der Anpresskraft werden in einem Grundlagentest untersucht. Hierfür ist ein Versuchsaufbau nötig, welcher die Längenänderung einer Probe simuliert und den Einbau verschiedener Antriebe ermöglicht. Das Schema eines derartigen Teststandes ist in Abb. 56 dargestellt. Ein Simulationsantrieb ändert die Position einer geführten Kraftmesszelle, welche über ein Wegmesssystem erfasst wird. Der zu untersuchende Testantrieb kontaktiert die Kraftmesszelle und wird über einen Kraftregelkreis gesteuert. Die Kraftmesszelle wird mit einer geringen Geschwindigkeit im Bereich von bis zu 20 µm/s bewegt, um eine thermische Längenänderung zu simulieren. Der Kraftregelkreis ermöglicht dem jeweiligen Testantrieb die vorbestimmte Kontaktkraft zu halten und somit der Positionsänderung zu folgen.

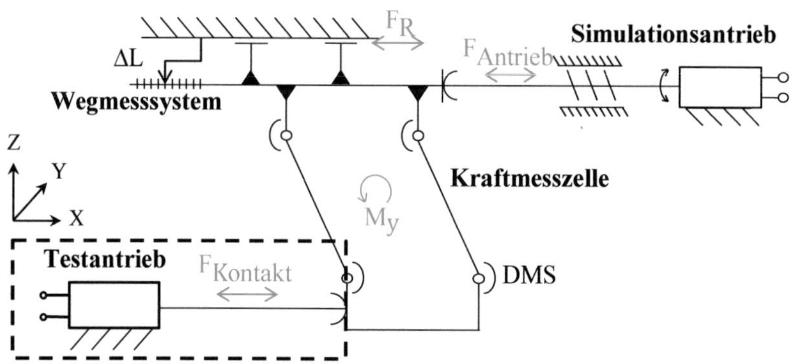

Abb. 56: Versuchsaufbau zum Vergleich verschiedener Lösungsprinzipien zur Krafterzeugung

Das Kraftregelverhalten eines Lineargleichstrommotors und eines Piezoschreitantriebs ist mit dem beschriebenen Teststand untersucht worden. Die Funktion der Antriebe ist die Realisierung einer konstanten Kontaktkraft bei veränderlicher Position. Einen Vergleich dieser beiden Antriebsprinzipien zeigt Abb. 57.

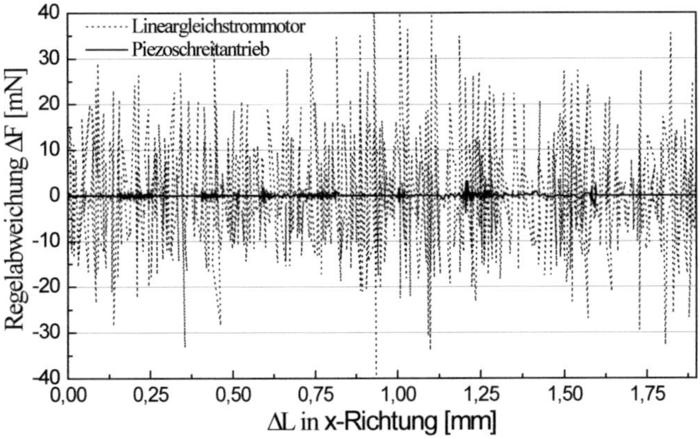

Abb. 57: Regelabweichung eines Lineargleichstrommotors im Vergleich zu einem Piezoschreitantrieb [Woh14]

Der Test zeigt, dass Lineargleichstrommotoren eine Kraftregelabweichung von ca. $\pm 30\,\text{mN}$ erreichen. Im statischen Betrieb ist der Zusammenhang zwischen erzeugter Kraft und induziertem Strom im mittleren Bereich der Kommutierung linear, fällt jedoch im Randbereich ab. Dies führt zu einer nichtlinearen Kraft-Weg- bzw. Kraft-Strom-Kennlinie, welche die Regelparameter entsprechend der aktuellen Kommutierung beeinflusst. Bei langsamen und kleinen Positionsänderungen neigt dieses Antriebsprinzip daher zu Schwingungen und somit zu einem hohen Kraftrauschen (vgl. Abb. 57). Im Unterschied dazu erreicht der Piezoschreitantrieb eine Kraftregelabweichung im Bereich von $1\,\text{mN}$. Aufgrund der reibschlüssigen Verbindung der Piezokomponenten mit dem beweglichen Läufer des Schreitantriebs weist dieses Antriebsprinzip keine Schwingungsneigung auf. Dieses Lösungsprinzip auf Basis des piezoelektrischen Effekts ist daher für den Einsatz in einer kraftgesteuerten Messzelle geeignet [Woh14].

A5 Experimentelle Untersuchung der Einflussgrößen des inkrementalen Wegmesssystems

- Versuchsaufbau

Der Versuchsaufbau nach dem Schema aus Abb. 48 besteht aus einem interferometrischen Längenmesssystem, einer modifizierten Dilatometermesszelle und einer Grundplatte (vgl. Abb. 58). Der Versuch dient der Ermittlung der Einflussgröße des inkrementalen Wegmesssystems, welche die Summe verschiedener Einzeleinflüsse wie z. B. Nichtlinearität bzw. Teilungsabweichungen des Maßstabs oder Anbauabweichungen widerspiegelt.

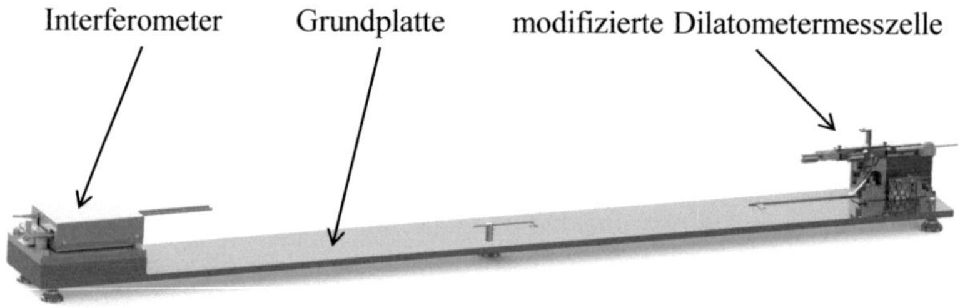

Abb. 58: Komponenten des Versuchsstands [Höl16]

Die Grundplatte dient als einheitliche Befestigungsmöglichkeit für alle Komponenten und Baugruppen. Die Ausrichtung zwischen Interferometer und inkrementalem Wegmesssystem wird durch definierte Anschläge mit entsprechend engen Fertigungstoleranzen realisiert. Die Feinjustierung des Interferometers erfolgt über Mikrometerschrauben im Rahmen der Versuchsdurchführung. Die verschiedenen inkrementalen Messsysteme werden in eine modifizierte Messzelle nach Abb. 59 montiert. Der Maßstabsträger der Messzelle mit geklebtem inkrementalen Maßstab wird an einen Adapter geklemmt und über eine Führung in x-Richtung beweglich am Gestell angebunden.

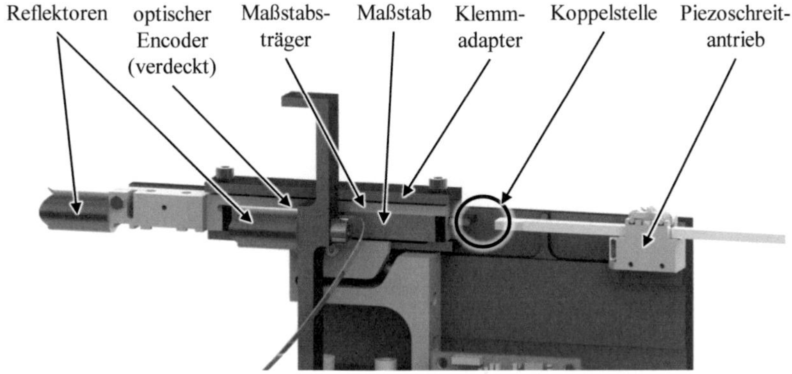

Abb. 59: Aufbau der modifizierten Messzelle [Höl16]

Um Messabweichungen zu eliminieren bzw. reduzieren, werden der Maßstab, die Wälzführung sowie die z-Position des Interferometerstrahls in der gleichen Messachse angeordnet. Der Piezoschreitantrieb ist an den Klemmadapter gekoppelt, um die Messpunkte in x-Richtung anzufahren. Der bewegliche Reflektor wird als Fühlstempelersatz in der dafür vorgesehenen Klemmung fixiert. Der gestellfeste Reflektor, welcher zur Reflexion des Referenzstrahls dient, wird über eine Halterung auf Höhe des optischen Encoders befestigt (vgl. Abb. 59).

- Versuchsdurchführung

Nach der Montage des Versuchsstandes wird die Lage des optischen Encoders zum Maßstab über die in Abschnitt 7.4 beschriebenen Schritte justiert. Vor Ausrichtung des Interferometers wird eine Einlaufzeit von etwa 20 min zur Stabilisierung des Lasers abgewartet. Anschließend wird über Mikrometerschrauben, welche das Interferometer um einen definierten Drehpunkt rotieren, die Messachse des Interferometers auf die Mitte des Reflektors eingestellt. Sofern der reflektierte Strahl den lichtempfindlichen Bereich des Interferometers trifft, wird die Signalqualität über die Software des Interferometers ausgelesen und ist während der Justierung zu maximieren. Eine gleichbleibende Signalqualität über den Messbereich von 50 mm ist anzustreben. Die Justierung des Referenzstrahls auf dem unbewegten Reflektor wird anschließend durch Verschieben dieses Reflektors im Rahmen

des Bohrungsspiels der Halterung angepasst.
Die Umgebungssensoren des Interferometers für Temperatur und Luftdruck werden in der Nähe des Messstrahls platziert. Der gesamte Versuchsstand wird mithilfe einer Einhausung aus Styropor thermisch isoliert. Gleichzeitig wird der Einfluss von Streulicht eliminiert [Sch08]. Zum thermischen Ausgleich aller Komponenten ist vor Start der ersten Messung ca. eine Stunde zu warten. Die Messpunkte sind gleichmäßig alle 5 mm über den gesamten Messbereich von 50 mm verteilt und werden über den externen Antrieb angefahren. Jede Messposition wird etwa 60 s gehalten. Somit werden bei einer Abtastfrequenz von 10 Hz ca. 600 Messwerte pro Messposition erfasst. Um Anfahreffekte in der Messung zu vermeiden, werden die jeweils letzten 50 stabilen Messwerte ausgewertet und pro Messposition ein Mittelwert berechnet. Es werden Messungen mit drei unterschiedlichen inkrementalen Wegmesssystemen mit jeweils fünf Messreihen durchgeführt. Die Erfassung der Messwerte des inkrementalen Wegmesssystems erfolgt über die Gerätesoftware Proteus [Net16]. Das Interferometersignal wird über die Software INFAS NTC [SIO12] aufgenommen. Diese Daten werden jeweils exportiert und in einer gemeinsamen Excel-Tabelle zusammengefasst. Somit können die Differenz der Mittelwerte und die zugehörige Standardabweichung berechnet werden [Höl16].

- Ergebnisse

Der Ablauf einer Messung ist beispielhaft in Abb. 60 dargestellt.

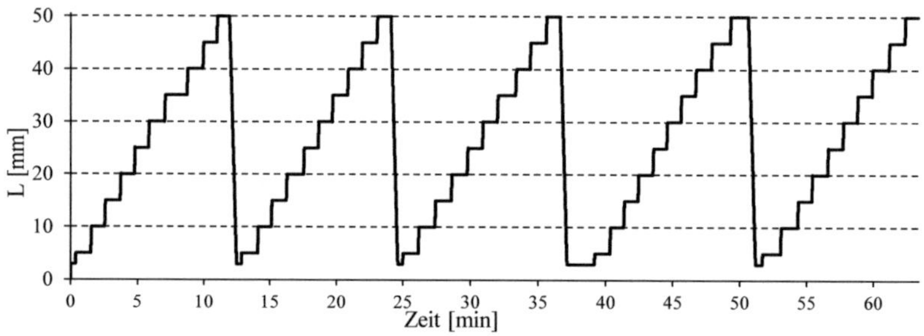

Abb. 60: Zeitlicher Ablauf der Messung (Wegmesssystem 3)

Die Versuchsergebnisse aller baugleichen Systeme und Messreihen werden in

Tab. 26 zusammengefasst. Die dargestellten Ergebnisse sind Grundlage der Abb. 49.

Tab. 26: Abweichungen der inkrementalen Wegmesssysteme (System 1-3) vom Interferometer in µm bei verschiedenen Messpositionen

System 1

Messposition [mm]	5	10	15	20	25	30	35	40	45	50
Messreihe 1	0,16	0,42	0,07	0,04	-0,14	-0,30	-0,42	-1,22	-1,81	-2,24
Messreihe 2	0,33	0,49	0,14	0,12	-0,03	-0,23	-0,35	-1,09	-1,73	-2,31
Messreihe 3	0,48	0,66	0,27	0,26	0,11	-0,13	-0,25	-0,98	-1,56	-2,12
Messreihe 4	0,49	0,69	0,32	0,30	0,16	-0,02	-0,06	-0,86	-1,49	-2,07
Messreihe 5	0,68	0,84	0,52	0,52	0,37	0,08	-0,02	-0,75	-1,41	-2,03
Mittelwert	0,43	0,62	0,27	0,25	0,09	-0,12	-0,22	-0,98	-1,60	-2,16
Standardabweichung	0,17	0,15	0,16	0,17	0,17	0,14	0,15	0,16	0,15	0,10

System 2

Messposition [mm]	5	10	15	20	25	30	35	40	45	50
Messreihe 1	0,38	0,65	0,39	0,41	-0,02	-0,41	-0,64	-0,59	-0,98	-1,27
Messreihe 2	0,59	0,83	0,55	0,51	0,12	-0,31	-0,54	-0,50	-0,93	-1,19
Messreihe 3	0,74	0,88	0,59	0,59	0,20	-0,23	-0,46	-0,45	-0,92	-1,17
Messreihe 4	0,09	0,24	0,07	-0,01	-0,37	-0,82	-1,05	-1,02	-1,50	-1,70
Messreihe 5	0,36	0,48	0,21	0,15	-0,25	-0,64	-0,92	-0,91	-1,33	-1,58
Mittelwert	0,43	0,62	0,36	0,33	-0,06	-0,48	-0,72	-0,69	-1,13	-1,38
Standardabweichung	0,22	0,23	0,20	0,22	0,22	0,22	0,23	0,23	0,24	0,22

System 3

Messposition [mm]	5	10	15	20	25	30	35	40	45	50
Messreihe 1	-0,01	0,27	0,11	0,19	0,05	-0,01	-0,18	-0,22	-0,59	-0,87
Messreihe 2	0,36	0,55	0,42	0,47	0,31	0,22	0,01	-0,04	-0,38	-0,69
Messreihe 3	0,57	0,96	0,57	0,66	0,44	0,37	0,12	0,09	-0,27	-0,61
Messreihe 4	0,68	0,84	0,64	0,68	0,50	0,39	0,16	0,14	-0,26	-0,54
Messreihe 5	0,75	0,88	0,71	0,74	0,58	0,50	0,28	0,20	-0,23	-0,48
Mittelwert	0,47	0,70	0,49	0,55	0,38	0,29	0,08	0,03	-0,34	-0,64
Standardabweichung	0,27	0,26	0,21	0,20	0,19	0,17	0,16	0,15	0,13	0,13

- Einflussgrößen des Versuchs

Die Messunsicherheit durch die Auflösung des Interferometers von 0,1 nm kann vernachlässigt werden. Im Unterschied dazu verändert sich der Brechungsindex durch Änderung der Temperatur, des Drucks sowie der Feuchtigkeit des Mediums, durch welches der Laserstrahl verläuft [Jäg99]. Zur Korrektur dieser Messabweichung werden Sensoren zur Messung der Atmosphäre angebracht und mit Hilfe der Edlen-Gleichung [Bir93] bzw. der optimierten Edlen-Gleichung [Bir94] korrigiert. Für absolute Messungen sind nach Herstellerangaben Einflussgrößen mit bis zu 100 nm durch die Unsicherheit der Temperaturmessung, 140 nm durch die Unsicherheit der

Luftdruckmessung und 30 nm durch die Unsicherheit der Luftfeuchtemessung zu kalkulieren [SIO12]. Aufgrund der Differenzanordnung mit einem Referenzstrahl sowie der Auswertung ausschließlich relativer Messpositionen wird die maximale Unsicherheit durch die Korrektur mit 7,2 nm abgeschätzt [Bir93], [Luh90].
Der Einfluss einer Drift bzw. Atmosphärenänderung wird experimentell über die Versuchsdauer bestimmt. Ohne jegliche Positionsänderung der Komponenten wird dafür das Messsignal über eine Zeitdauer von etwa 90 min analysiert. Nach [Höl16] ist eine Messunsicherheit in Höhe von 15,9 nm zu berücksichtigen. Diese Drift beinhaltet Einflüsse wie beispielsweise Vibrationen oder geometrische Veränderungen des Versuchsaufbaus.
Die Messunsicherheit des Reflektors wird reduziert, indem anstatt eines Kugelreflektors ein Tripelspiegel mit einer Abweichung der Strahlparallelität von fünf Winkelsekunden verwendet wird. In Verbindung mit dem Abstand zwischen Interferometer und Reflektor kann daraus eine vernachlässigbare Abweichung auf die Wegmessung von 0,3 nm errechnet werden [SIO16].
Da in den Versuchen zwei Wegmesssysteme miteinander verglichen werden, existieren folglich auch zwei Messachsen. Diese sollten idealerweise exakt parallel zueinander ausgerichtet sein. Winkelabweichungen zwischen der Führungsrichtung des Maßstabs und Messachse bewirken einen Messfehler zweiter Ordnung [Kra00]. Durch die Wahl eines großen Abstandes zwischen Interferometer und Reflektor wird der Einfluss durch Fehllagen reduziert. Die Strahlblende des Interferometers lässt während des Versuchs eine maximale Verschiebung des Strahls in z-Richtung von ±0,2 mm zu. Die Verschiebung innerhalb der Strahlblende kann durch die Signalqualität beurteilt werden, außerhalb wird kein Signal erfasst (vgl. Abb. 61).

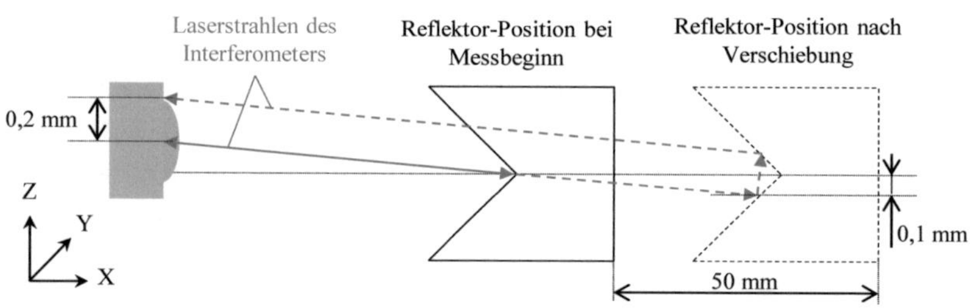

Abb. 61: Parallelverschiebung des reflektierten Laserstrahls bei Bewegung des Reflektors

Die Messabweichung aufgrund einer Winkelabweichung der Führungs- und Messachse berechnet sich aus dem Messweg des Versuchs (50 mm) und der Verschiebung des Strahls innerhalb der Strahlenblende in z-Richtung (±0,1 mm). Mit einer Veränderung der Signalqualität über die Versuchsdauer von ca. 7% wird die Messunsicherheit der Kippung auf 7 nm abgeschätzt [Höl16].

Die diskutierten Einflussgrößen sind in Tab. 27 zusammenfassend dargestellt. Die Summe aller Einflussgrößen ergibt eine Messunsicherheit von ca. 30 nm.

Tab. 27: Einflussgrößen und angewandte Reduzierungsmaßnahmen [Sch08], [Wuc96], [SIO12], [New16], [Yac16]

Einflussgröße	**angewandte Maßnahme zur Reduzierung**	**Größe [nm]**
Drift, Atmosphärenänderung	• Verwendung eines Referenzstrahls • Verwendung des Materials Invar • thermische Isolierung • thermischen Ausgleich abwarten	15,9
Änderung Temperatur, Luftdruck, Luftfeuchtigkeit	Korrektur durch Edlen-Gleichung	7,2
Parallelität des reflektierten Laserstrahls	Tripelreflektor	0,3
Nicht-Parallelität der Mess- und Verschiebeachse	• großer Abstand zwischen Interferometer und Reflektor • Anschläge zur Ausrichtung	7,0
	SUMME	**30,4**

A6 Experimentelle Untersuchung der Einflussgrößen der kraftgesteuerten Messzelle

- Versuchsaufbau

Der Versuchsaufbau nach dem Schema aus Abb. 50 besteht aus einem Interferometer, einer kompletten kraftgesteuerten Messzelle, einer Grundplatte sowie einem externen Aufbau zur Veränderung der Messposition in Richtung der Messachse (vgl. Abb. 58 und Abb. 62). Der Versuch dient der Ermittlung der Einflussgrößen der kraftgesteuerten Messzelle, welche die Summe verschiedener Einzeleinflüsse wie beispielsweise durch den Kraftregelkreis, der Deformation des Kraftsensors oder die Schrittweite des Piezoantriebs widerspiegelt.
Im Unterschied zu dem Versuchsaufbau in Anhang A5 ist die Führung unterhalb des Kraftsensors angebracht und es entsteht daher ein Höhenversatz zwischen Messachse und Führungsachse. Die resultierende Verkippung und Verschiebung der Kraftmesszelle aufgrund der wirkenden Anpresskräfte wird somit berücksichtigt. Auswirkungen des Piezoschreitantriebs auf das Kraftregelverhalten sind ebenfalls im Rahmen der Versuchsdurchführung enthalten.

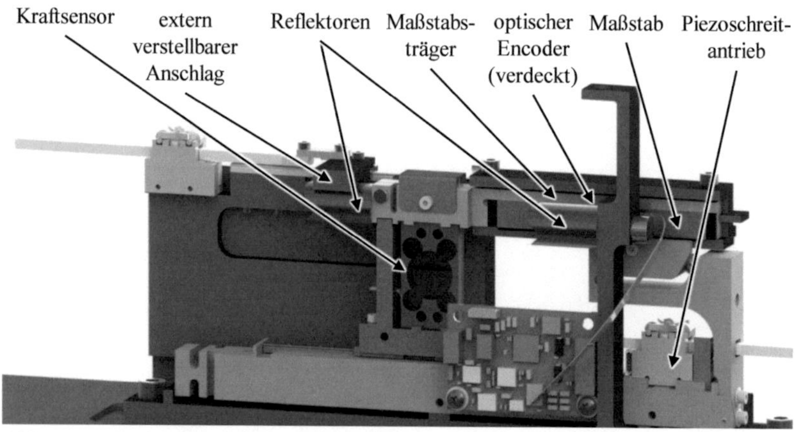

Abb. 62: Aufbau der kraftgesteuerten Messzelle zur Ermittlung der Einflussgrößen [Netz]

Für die Erfassung der Längenänderung durch das Interferometer werden die Reflektoren vergleichbar mit dem Versuchsaufbau aus Anhang A5 an der Klemmstelle des Fühlstempels (beweglicher Reflektor) und auf Höhe des optischen Encoders (gestellfester Reflektor) angebracht (vgl. Abb. 62). Die Messposition wird über einen in Messachse geführten extern verstellbaren Anschlag definiert.

- Versuchsdurchführung

Das Vorgehen der Versuchsdurchführung wird dem vorangegangenen Versuch aus Anhang A5 angeglichen und an dem Versuchsaufbau nach Abb. 63 durchgeführt. Nach einer Wartezeit zum thermischen Ausgleich der Komponenten werden fünf Messreihen mit gleichverteilten Messpunkten aufgenommen. Als Anpresskraft, welche in der Kontaktstelle zwischen dem externen Anschlag und dem Maßstabsträger der kraftgesteuerten Messzelle wirkt, wird 0,2 N gewählt. Die Längenänderung der Messpunkte wird vom inkrementalen Wegmesssystem und dem Interferometer in Differenzmessung der beiden Strahlen erfasst. Das Zusammenführen sowie die Auswertung der Daten erfolgt analog Anhang A5. Die Differenz der Messwerte spiegelt die Gesamtabweichung aller Einflussgrößen der kraftgesteuerten Messzelle wider.

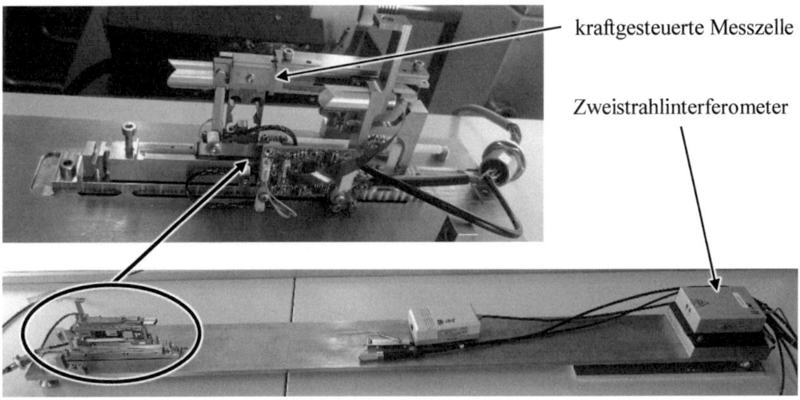

Abb. 63: Versuchsaufbau mit kraftgesteuerter Messzelle und Zweistrahlinterferometer

- Ergebnisse

Tab. 28 zeigt die Versuchsergebnisse der verschiedenen Messreihen. Die dargestellten Ergebnisse sind Grundlage der Abb. 51.

Tab. 28: Abweichungen der Wegmesssysteme in µm bei verschiedenen Messpositionen

Messposition [mm]	5	10	15	20	25	30	35	40	45	50
Messreihe 1	-0,02	0,10	0,14	0,14	0,08	-0,08	-0,12	0,07	0,42	0,82
Messreihe 2	-0,12	-0,04	-0,05	-0,10	-0,21	-0,44	-0,54	-0,41	-0,12	0,22
Messreihe 3	-0,36	-0,32	-0,37	-0,39	-0,47	-0,66	-0,74	-0,57	-0,26	0,11
Messreihe 4	0,00	0,12	0,13	0,11	0,05	-0,15	-0,21	-0,04	0,28	0,62
Messreihe 5	-0,61	-0,61	-0,68	-0,76	-0,86	-1,07	-1,17	-1,01	-0,74	-0,35
Mittelwert	-0,22	-0,15	-0,17	-0,20	-0,28	-0,48	-0,56	-0,39	-0,08	0,28
Standardabweichung	0,23	0,28	0,32	0,34	0,35	0,36	0,38	0,39	0,41	0,41

- Einflussgrößen des Versuchs

Die Messunsicherheiten entsprechen dem Versuch aus Anhang A5 (vgl. Tab. 27), da der Aufbau nur geringfügig im Bereich der Messzelle verändert wurde. Die parallele Ausrichtung der Messachsen dieses Versuchs führt zu einer besseren Signalstabilität der Interferometerstrahlen und reduziert daher diese Messunsicherheit auf 2 nm [Höl16]. Die Gesamtunsicherheit dieses Versuchs liegt somit im Bereich von 25 nm.

A7 Experimentelle Untersuchung der Höhenverschiebung des Kraftsensors

- Versuchsaufbau

Der Versuchsaufbau nach dem Schema aus Abb. 52 besteht aus einer kraftgesteuerten Dilatometermesszelle, einem senkrecht zur Messachse angeordneten Interferometer und einem Anschlag (vgl. Abb. 64). Mit diesem Versuch wird die Höhenverschiebung der Kraftmesszelle bei elastischer Deformation des Verformungskörpers in Abhängigkeit der Kontaktkraft am Klemmadapter ermittelt.

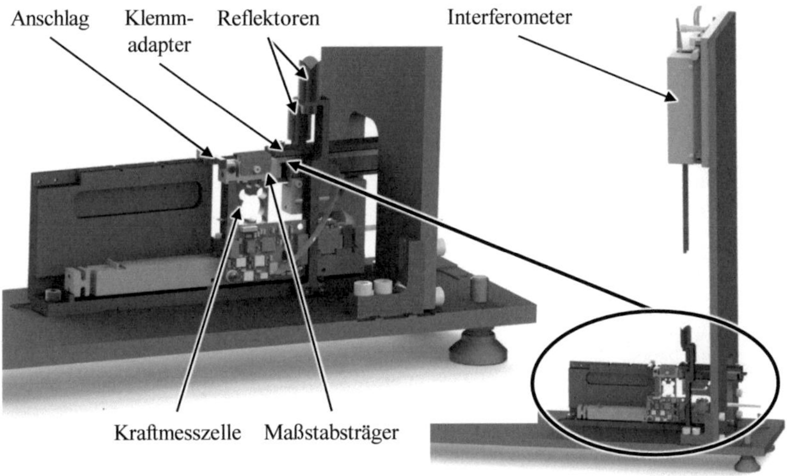

Abb. 64: Aufbau der kraftgesteuerten Messzelle zur Ermittlung des Höheneinflusses der Kraftmesszelle [Höl16]

Das Interferometer ist senkrecht zur Messrichtung der kraftgesteuerten Messzelle ausgerichtet. Der Reflektor für den Referenzstrahl ist auf einem Adapter direkt neben dem optischen Encoder montiert. Der bewegliche Reflektor ist auf dem Klemmadapter befestigt, welcher über den Maßstabsträger mit der Kraftmesszelle verbunden ist (vgl. Abb. 64). Im Kraftregelbetrieb kontaktiert der Maßstabsträger einen starren Anschlag, welcher das Antasten an eine Probe im Probenhalter simuliert. Durch den direkten Kontakt zum Maßstabsträger werden mögliche Einflussgrößen des Fühlstempels vermieden. In Abhängigkeit der Kontaktkraft entsteht durch die elastische Deformation der Kraftmesszelle eine Höhenverschiebung des Maßstabsträgers und des daran fixierten Klemmadapters, welche vom Interferometer gemessen wird. Für verschiedene Messpositionen werden die Positionen des Anschlags und des beweglichen Reflektors in x-Richtung angepasst.

- Versuchsdurchführung

Die Versuchsdurchführung erfolgt nach thermischer Isolation und dem Temperaturausgleich des Versuchsaufbaus nach Abb. 65. Im Rahmen der Versuchsdurchführung werden drei Messpositionen untersucht, welche sich gleichmäßig über den Messbereich des inkrementalen Wegmesssystems von 50 mm verteilen (0 mm, 25 mm und 50 mm). Für jede Messposition werden drei Messreihen erstellt. Innerhalb einer Messreihe wird die Kontaktkraft von 0,015 N bis 3,15 N in Schritten von 0,45 N erhöht. Bei den Messpunkten wird die Höhenverschiebung in z-Richtung durch das Interferometer ermittelt.

Abb. 65: Versuchsaufbau mit kraftgesteuerter Messzelle und Zweistrahlinterferometer [Netz]

- Ergebnisse

Die Versuchsergebnisse aller Messreihen werden in Tab. 29 zusammengefasst und bilden die Grundlage der Abb. 53.

Tab. 29: Höhenverschiebung des Klemmadapters inklusive Maßstabs in µm bei unterschiedlichen Positionen in Abhängigkeit der Kontaktkraft

Position 1 (0 mm)

Kontaktkraft [N]	0,015	0,45	0,90	1,35	1,80	2,25	2,70	3,15
Messreihe 1	0,00	-0,61	-1,34	-2,04	-2,76	-3,51	-4,30	-5,04
Messreihe 2	-0,11	-0,71	-1,43	-2,15	-2,82	-3,54	-4,27	-5,02
Messreihe 3	-0,11	-0,78	-1,49	-2,15	-2,85	-3,60	-4,34	-5,07
Mittelwert	-0,08	-0,70	-1,42	-2,11	-2,81	-3,55	-4,30	-5,05
Standardabweichung	0,05	0,07	0,06	0,05	0,04	0,04	0,03	0,02

Position 2 (25 mm)

Kontaktkraft [N]	0,015	0,45	0,90	1,35	1,80	2,25	2,70	3,15
Messreihe 1	0,02	-0,39	-0,87	-1,34	-1,79	-2,21	-2,64	-3,10
Messreihe 2	-0,23	-0,54	-1,00	-1,48	-1,91	-2,28	-2,71	-3,15
Messreihe 3	-0,19	-0,52	-1,00	-1,47	-1,85	-2,25	-2,69	-3,11
Mittelwert	-0,13	-0,48	-0,95	-1,43	-1,85	-2,25	-2,68	-3,12
Standardabweichung	0,11	0,07	0,06	0,06	0,05	0,03	0,03	0,02

Position 3 (50 mm)

Kontaktkraft [N]	0,015	0,45	0,90	1,35	1,80	2,25	2,70	3,15
Messreihe 1	0,01	-0,07	-0,19	-0,35	-0,53	-0,74	-0,96	-1,20
Messreihe 2	0,02	-0,08	-0,21	-0,36	-0,54	-0,73	-0,94	-1,17
Messreihe 3	0,07	-0,03	-0,16	-0,31	-0,49	-0,69	-0,91	-1,14
Mittelwert	0,03	-0,06	-0,19	-0,34	-0,52	-0,72	-0,94	-1,17
Standardabweichung	0,02	0,02	0,02	0,02	0,02	0,02	0,02	0,03

- Einflussgrößen des Versuchs

Die Einflussgrößen dieses Versuchsaufbaus auf die Messunsicherheit sind mit den vorherigen Versuchen (vgl. Anhang A5, A6) vergleichbar. Aufgrund veränderter Versuchsbedingungen wie beispielsweise einem geringen Messweg im µm-Bereich oder einem kleineren Abstand zwischen Interferometer und Messzelle wirken sich relative Messunsicherheitsbeiträge geringer aus (vgl. Tab. 27).

Tab. 30: Einflussgrößen und angewandte Reduzierungsmaßnahmen [Sch08], [Wuc96], [SIO12], [New16], [Yac16]

Einflussgröße	**angewandte Maßnahme zur Reduzierung**	**Größe [nm]**
Drift, Atmosphärenänderung	• Verwendung eines Referenzstrahls • Verwendung des Materials Invar • thermische Isolierung • thermischen Ausgleich abwarten	6,2
Änderung Temperatur, Luftdruck, Luftfeuchtigkeit	Korrektur durch Edlen-Gleichung	0,1
Parallelität des reflektierten Laserstrahls	Tripelreflektor	0,1
	SUMME	**6,4**

Die Messunsicherheit durch die Drift des Interferometers ist nach [Höl16] mit 6,2 nm zu berücksichtigen. Der maximale Unsicherheitsbeitrag durch die Korrektur von Atmosphärenänderungen unter den Versuchsbedingungen einer Differenzanordnung sowie der Auswertung relativer Messpositionen wird mit 0,1 nm abgeschätzt [Bir93], [Luh90]. Der Einfluss einer Winkelabweichung der Strahlparallelität des Tripelreflektors verringert sich durch einen kleineren Abstand zwischen Interferometer und Reflektor auf 0,1 nm. Die Summe aller Einflussgrößen ergibt eine Messunsicherheit von unter 7 nm.

Liste der bisher erschienenen Bände, Stand 04.12.2018

Schriftenreihe des Instituts für Maschinenelemente und Konstruktion (IMK), 1990 – 2010

Band 1 **Institut für Maschinenelemente und Konstruktion der TU Ilmenau (Hrsg.):**
Forschung und Lehre im Institut für Maschinenelemente und Konstruktion (Institutsbericht)
Ilmenau : ISLE, 1999. - ISBN 3-932633-37-7

Band 2 **Spiller, Frank:**
Möglichkeiten der rechentechnischen Umsetzung von Erkenntnissen aus der Konstruktions-systematik unter Nutzung der Featuretechnologie
(Dissertation TU Ilmenau 1998)
Ilmenau : ISLE, 1998. - ISBN 3-932633-20-2

Band 3 **Leibl, Peter:**
Entwicklung eines featureorientierten Hilfsmittels für die Konstruktion kostengünstiger Produkte
(Dissertation TU Ilmenau 1998)
Ilmenau : ISLE, 1998. - ISBN 3-00-003695-4

Band 4 **Lutz, Steffen:**
Kennlinie und Eigenfrequenzen von Schraubenfedern
(Dissertation TU Ilmenau 2000)
Ilmenau : ISLE, 2000. - ISBN 3-932633-47-4

Band 5 **Kletzin, Ulf:**
Finite-Elemente-basiertes Entwurfssystem für Federn und Federanforderungen
(Dissertation TU Ilmenau 2000)
Ilmenau : ISLE, 2000. - ISBN 3-932633-48-2

Band 6 **Volz, Andreas K.:**
Systemorientierter Karosserie-Konzeptentwurf am Beispiel der Crashsimulation
(Dissertation TU Ilmenau 1998)
Ilmenau : ISLE, 2000. - ISBN 3-932633-52-0

Band 7 **Brix, Torsten:**
Feature- und constraint-basierter Entwurf technischer Prinzipe
(Dissertation TU Ilmenau 2001)
Ilmenau : ISLE, 2001. - ISBN 3-932633-67-9

Band 8 **Rektor der TU Ilmenau und Institut für Maschinenelemente und Konstruktion der TU Ilmenau (Hrsg.) in Zusammenarbeit mit Carl Zeiss Jena GmbH**
Vom Arbeitsblatt zum virtuellen Prototyp – 50 Jahre Konstruktionssystematik
(Institutsbericht)
Ilmenau : ISLE, 2002. - ISBN 3-932633-68-7

Band 9 **Liebermann, Kersten:**
Rechnergestütztes Entwurfs- und Optimierungssystem für Schraubendruckfedern
(Dissertation TU Ilmenau 2003)
Ilmenau : ISLE, 2003. - ISBN 3-932633-74-1

Band 10 **Meissner, Manfred; Denecke, Klaus:**
Die Geschichte der Maschinenelemente als Fachgebiet und Institut an der Technischen Universität Ilmenau von 1953 bis 2003
(Institutsbericht)
Ilmenau : ISLE, 2003. - ISBN 3-932633-82-2

Band 11 **Geinitz, Veronika:**
Genauigkeits- und auslastungsoptimierte Schraubendruckfedern
(Dissertation TU Ilmenau 2006)
Ilmenau : ISLE, 2006. - ISBN 3-938843-11-X

Band 12 **Institut für Maschinenelemente und Konstruktion (Hrsg.):**
Festschrift zum Ehrenkolloquium anlässlich der Emeritierungen von Univ.-Prof. Dr.-Ing. habil. Dr. h.c. Günter Höhne und Univ.-Prof. Dr.-Ing. habil. Hans-Jürgen Schorcht
(Institutsbericht)
Ilmenau : ISLE, 2005. -ISBN 3-932633-97-0

Band 13 **Wittkopp, Tobias:**
Mehrkörpersimulation von Schraubendruckfedern
(Dissertation TU Ilmenau 2005)
Ilmenau : ISLE, 2005. - ISBN 3-938843-07-1

Band 14 **Frank, Stefan:**
Justierdrehen – eine Technologie für Hochleistungsoptik
(Dissertation TU Ilmenau 2007)
Ilmenau : ISLE, 2008. - ISBN 978-3-938843-35-4

Band 15 **Schilling, Thomas:**
Augmented Reality in der Produktentstehung
(Dissertation TU Ilmenau 2008)
Ilmenau : ISLE, 2008. - ISBN 978-3-938843-42-0

Band 16 **Lotz, Markus:**
Konstruktion von Messspiegeln hochgenauer Mess- und Positioniermaschinen
(Dissertation TU Ilmenau 2009)
Ilmenau : ISLE, 2009. - ISBN 978-3-938843-46-8

[Band 17] **Hackel, Tobias:**
Grundlegende Untersuchungen zu vertikalen Positioniersystemen für Nanopräzisionsmaschinen
(Dissertation TU Ilmenau 2010)
Münster, Westf : Monsenstein und Vannerdat, 2010. -
ISBN 978-3-86991-111-3

[Band 18] **Frank, Thomas:**
Konzeption und konstruktive Gestaltung der Messkreise von Nanomessmaschinen
(Dissertation TU Ilmenau 2010)
Münster, Westf : Monsenstein und Vannerdat, 2010. -
ISBN 978-3-86991-194-6

Schriftenreihe des Instituts für Maschinen- und Gerätekonstruktion (IMGK), 2010 - ...

Band 19 **Sondermann, Mario:**
Mechanische Verbindungen zum Aufbau optischer Hochleistungssysteme
(Dissertation TU Ilmenau 2010)
Ilmenau : Univ.-Verl. Ilmenau, 2011. -
ISBN 978-3-939473-94-7

Band 20 **Stephan Husung:**
Simulation akustischer Produkteigenschaften unter Nutzung von Virtual Reality während der Produktentwicklung
(Dissertation TU Ilmenau 2011)
Ilmenau : Univ.-Verl. Ilmenau, 2012. -
ISBN 978-3-86360-026-6

Band 21 **Dobermann, Dirk:**
Stabilisierung der Bildlage abbildender optischer Systeme
(Dissertation TU Ilmenau 2012)
Ilmenau : Univ.-Verl. Ilmenau, 2013. -
ISBN 978-3-86360-056-3

Band 22 **Taubmann, Peter:**
Analyse der Ventilfederbewegungen als Beitrag zur Beeinflussung der Verschleißursachen an den Auflageflächen
(Dissertation TU Ilmenau 2013)
Ilmenau : Univ.-Verl. Ilmenau, 2013. - ISBN 978-3-86360-059-4

Band 23 **Erbe, Torsten:**
Beitrag zur systematischen Aktor- und Aktorprinzipauswahl im Entwicklungsprozess
(Dissertation TU Ilmenau 2013)
Ilmenau : Univ.-Verl. Ilmenau, 2013. - ISBN 978-3-86360-060-0

Band 24: **Selva Ginani, Luciano:**
Optical Scanning Sensor System with Submicron Resolution
(Dissertation TU Ilmenau 2013)
Ilmenau : Univ.-Verl. Ilmenau, 2013. - ISBN 978-3-86360-068-6

Band 25: **Heidler, Nils:**
Untersuchungen zylindrischer Gasführungselemente für Hochvakuumanwendungen
(Dissertation TU Ilmenau 2015)
Ilmenau : Univ.-Verl. Ilmenau, 2016. - ISBN 978-3-86360-130-0

Band 26: **Reich, René:**
Möglichkeiten und Grenzen bei der Auslegung von Schraubendruckfedern auf Basis von Umlaufbiegeprüfungen
(Dissertation TU Ilmenau 2016)
Ilmenau : Univ.-Verl. Ilmenau, 2016. - ISBN 978-3-86360-139-3

Band 27: **Resch, Jens:**
Kontextorientierte Entwicklung und Absicherung von festen Verbindungen im Produktentstehungsprozess der Automobilindustrie
(Dissertation TU Ilmenau 2016)
Ilmenau : Universitätsverlag Ilmenau, 2016. - ISBN 978-3-86360-143-0

Band 28: **Scheibe, Hannes:**
Aktiv-adaptive Polierwerkzeuge zur Herstellung rotationssymmetrischer Asphären
(Dissertation TU Ilmenau 2016)
Ilmenau : Universitätsverlag Ilmenau, 2016. - ISBN 978-3-86360-147-8

Band 29: **Reeßing, Michael:**
Softwarewerkzeuge für den phasen- und domänenübergreifenden Entwurf
(Dissertation TU Ilmenau 2016)
Ilmenau : Universitätsverlag Ilmenau, 2017. - ISBN 978-3-86360-169-0

Band 30: **Lux, Rüdiger:**
Wärmebehandlung von SiCr-legiertem, ölschlussvergütetem Federstahldraht
(Dissertation TU Ilmenau 2018)
Ilmenau : Universitätsverlag Ilmenau, 2018. - ISBN 978-3-86360-185-0

Band 31: **Thomisch, Marco:**
Methodik zur Bestimmung optimaler Parameter beim Drahtumformen
(Dissertation TU Ilmenau 2018)
Ilmenau : Universitätsverlag Ilmenau, 2018. - ISBN 978-3-86360-187-4

Band 32: **Wohlfahrt, Fabian:**
Kraftgesteuerte Messzelle für Dilatometeranwendungen
(Dissertation TU Ilmenau 2018)
Ilmenau : Universitätsverlag Ilmenau, 2019. - ISBN 978-3-86360-193-5